Geschiebestudien.

Beiträge zur Kenntniss der Bewegungsrichtungen des diluvialen Inlandeises.

Von Dr. **Johannes Petersen.**

Erster Theil.

Mit einer Original-Kartenskizze.

Separatabdruck aus den Mittheilungen der Geographischen Gesellschaft in Hamburg, Band XV.

HAMBURG:
L. Friederichsen & Co.
(Inhaber Dr. L. Friederichsen.)
1899.

Separatabdruck aus den Mittheilungen der Geographischen Gesellschaft in Hamburg, Bd. XV, 1899.

Geschiebestudien.

Beiträge zur Kenntniss der Bewegungsrichtungen des diluvialen Inlandeises.

Von Dr. **Johannes Petersen.**

Erster Theil:

1. Basalt von Schonen.
2. Cancrinit-Aegirinsyenite von Särna.
3. Gesteine der Diabas-Familie.

Einleitung.

Die Untersuchung der erratischen Gesteine des norddeutschen Flachlandes ist eine Aufgabe, an der seit Jahrzehnten unermüdlich gearbeitet wird. Gross ist die Zahl der Abhandlungen, die sich mit diesem Gegenstande beschäftigt und alljährlich treten neue Mittheilungen über die Herkunft unserer Geschiebe an die Oeffentlichkeit. Wenn dies der Fall ist, so spricht diese Thatsache deutlich dafür, dass trotz aller aufgewendeten Mühe noch manche Frage ungelöst geblieben ist.

Als zuerst die Inlandeisfrage in den Vordergrund der Diskussion trat, glaubte man auf Grund der bis dahin vorliegenden Geschiebeuntersuchungen auf eine im Allgemeinen radial von Skandinavien und Finnland über Norddeutschland sich erstreckende Eisbewegung schliessen zu dürfen. Je intensiver die Erforschung der Geschiebe wurde, desto mehr wurde eine Modifikation dieser Ansicht nöthig, baltische Eisströme wurden für den Anfang und Schluss der zweiten Vereisung angenommen, schliesslich auch die Annahme ost-westlicher Transportrichtungen für die erste Vereisungsperiode nothwendig.

Gleichwohl kann man das Problem der Eisbewegung noch nicht als gelöst betrachten. Der beste Beweis hierfür liegt, wie bereits gesagt, in der Thatsache, dass stets neue Geschiebeuntersuchungen unternommen werden.

Die grosse Mehrzahl der Geschiebearbeiten betrifft die sedimentären Gesteine. Es kann dies nicht überraschen, wenn man bedenkt, dass die sedimentären Gesteine des Nordens weit eher gründlich erforscht wurden, als die eruptiven Gesteine Skandinaviens. Zudem kann auch derjenige, der das Studium der Kalksteine und Schiefer mit ihren Fossilien betreibt, viel eher zu einer annähernden Heimathsbestimmung gelangen, weil er nicht in dem Maasse wie der Petrograph auf das Studium des Vergleichsmaterials aus dem Anstehenden angewiesen ist. Wenn bisher die Untersuchung der krystallinen Geschiebe etwas im Rückstand geblieben ist, so ist dies andererseits kein Fehler gegenüber der Thatsache, dass die letzten Jahre uns eine Fülle wichtiger petrographischer Arbeiten aus dem skandinavischen Norden gebracht haben. Vor Allem ist da der hochinteressanten Publikationen Bröggers zu gedenken. Der grossen Anzahl neuer Gesteinstypen, die seine Untersuchungen des Christiania-Eruptivgebiets gebracht haben, entspricht eine ebenso grosse Anzahl von Leitgeschieben, die eine absolut sichere Bewegungsrichtung zu bestimmen zulassen. Es gilt nur, diese Gesteine in unserem Diluvium aufzufinden.

Dass die Eruptivgesteine vor den sedimentären einen entschiedenen Vorzug als Leitgeschiebe verdienen, haben Cohen und Deecke [1]) überzeugend dargethan, so dass sich gegen deren Darstellungen schwerlich Einwendungen werden erheben lassen, auch ist ihren Worten nichts mehr hinzuzufügen.

Die Mehrzahl der früheren Arbeiten über die krystallinen Geschiebe leidet an dem Mangel ungenügenden Vergleichsmaterials. Wenn auch nicht zu bestreiten ist, dass einzelne Gesteine so typisch, so leicht wiedererkennbar sind, dass es kaum eines unmittelbaren Vergleichs bedarf, so weiss doch andererseits jeder Petrograph, wie schwer es ist, das Bild eines Gesteins im Worte festzuhalten. Neuere Arbeiten haben denn auch diesen Mangel zu vermeiden gesucht.

Immerhin aber ist, eben wegen des angeführten Uebelstandes, die Anzahl gut beglaubigter Transportrichtungen noch nicht allzugross. Solche Transportrichtungen festzulegen muss aber gerade jetzt von grösserem Interesse werden, nachdem die Arbeiten von Drygalskis uns über die Zustände des grönländischen Inlandeises aufgeklärt haben und wir jetzt wissen, welche Ursachen die Bewegungsvorgänge hervorrufen und ihre Richtungen bestimmen. Es steht zu hoffen, dass wir jetzt auf Grund der von Drygalskischen Beobachtungen zu genaueren Vorstellungen über die Bewegung des diluvialen Inlandeises gelangen werden. Es werden sich jetzt die Fragen genauer formuliren lassen: Wo lagen die Nährgebiete des Eises, welche Verschiebungen haben diese erlitten, welche Hindernisse stellten sich der Eisbewegung entgegen, wie waren die klimatischen Verhältnisse am Eisrande, die Grenzen von Land und Wasser?

Bei Beantwortung aller dieser Fragen wird es unentbehrlich sein, die Ergebnisse der Geschiebeuntersuchungen zu Rathe zu ziehen.

Zur Beantwortung dieser Fragen wollen auch die nachstehenden Studien einen Beitrag liefern.

[1]) E. Cohen und W. Deecke. Geschiebe aus Neuvorpommern und Rügen. Mittheil. des naturw. Vereins für Neuvorpommern und Rügen. 1891.

Das denselben zu Grunde liegende Material befindet sich zum allergrössten Theil im Besitz des Hamburgischen Naturhistorischen Museums. Seit vielen Jahren sind dort Geschiebe gesammelt worden, und eine stattliche Anzahl von Stücken birgt die Sammlung. Um dieselbe haben sich u. A. namentlich die Herren Ch. Buhbe, A. Frucht, Dr. C. Gottsche und P. Trummer in Hamburg, sowie Herr M. Stümcke in Lüneburg verdient gemacht.

Was das Vergleichsmaterial betrifft, so bemerke ich, dass zum Theil der Besitz des Museums an skandinavischen Gesteinen herangezogen werden konnte. Zu besonderem Danke aber bin ich dem Direktor der Sveriges geologiska Undersökning, Herrn Professor Dr. Törnebohm, sowie dem Vorstand des Mineralogischen Instituts der Universität Lund, Herrn Dr. Moberg, verpflichtet dafür, dass mir von ihnen das erbetene Vergleichsmaterial gütigst zur Verfügung gestellt wurde. Schliesslich bin ich Herrn Dr. Gottsche für die liebenswürdige Bereitwilligkeit, mit der er mir das Material des mineralogischen Instituts und seine Bibliothek zur Verfügung stellte, wärmsten Dank schuldig.

Erster Theil.

I. Basalt von Schonen.

Wenn ein Geschiebe die Bezeichnung »Leitgeschiebe« verdient, also einerseits auf relativ eng begrenztem Gebiet vorkommt, andrerseits sich mit Bestimmtheit identifiziren lässt, so dass es also sichere Schlüsse auf die Bewegungsrichtung des diluvialen Inlandeises zulässt, so ist es der Basalt. Es kann daher nicht überraschen, dass die Basalte im norddeutschen Diluvium bereits wiederholt Gegenstand der Untersuchung gewesen sind. Das Resultat dieser Arbeiten ist gewesen, dass sich bisher kein Widerspruch gegen die zuerst von Penck[1]) geäusserte Ansicht, die Basaltgeschiebe des norddeutschen Diluviums stammten aus Schonen, ergeben hat.

Wenn gleichwohl die Basaltgeschiebe von Neuem in vorliegender Arbeit untersucht werden sollen, so ist der Grund dafür in erster Linie darin zu suchen, dass die Anzahl der thatsächlich unmittelbar

---

[1]) A. Penck, Nordische Basalte im Diluvium von Leipzig. Neues Jahrbuch für Mineralogie 1877.

mit den schwedischen Vorkomnissen verglichenen Basaltgeschiebe, besonders aus Hamburg und der Provinz Schleswig-Holstein, woher das vom Verfasser untersuchte Material zumeist entstammt, bisher nicht allzugross gewesen ist. So war, wie auch Eichstädt in seiner ergebnisreichen Arbeit über die als Glacialgeschiebe vorkommenden Basalte bemerkt, eine Vervollständigung wünschenwerth.

Es möchte vielleicht gerade die mikroskopische Untersuchung der Basalte überflüssig erscheinen, weil ja Basalt besonders leicht erkennbar ist. Indessen wird jeder, der Geschiebe sammelte, sicherlich nicht selten die Unmöglichkeit empfunden haben, nach makroskopischer Betrachtung ein Gestein mit Sicherheit als Basalt bestimmen zu können, da ja namentlich mit den nicht seltenen dichten Diabasen Verwechselungen möglich sind.

Wenn De Geer[1]) meint, die makroskopische Aehnlichkeit des Basalts mit manchen dichten Diabasen mache ihn nicht recht geeignet zum Leitgeschiebe, so dürfte der Schluss aus der richtigen Thatsache nicht ganz richtig gezogen sein. Aus seiner Bemerkung folgt nur die Nothwendigkeit, solche dichten Geschiebe zu schleifen.

Aber auch die mikroskopische Bestimmung eines Basalts, die wohl nur selten im Zweifel lassen wird, ob wirklich Basalt vorliegt oder nicht, kann nicht genügen, um das Gestein auf Schonen als Heimath zurückzuführen. Es bedarf dazu stets des unmittelbaren Vergleichs. Wenn auch eine sehr erhebliche Wahrscheinlichkeit besteht, dass der meiste Basalt aus Schonen stammt, so ist doch nicht ausgeschlossen, dass ein nicht bestimmt identifiziertes Geschiebe aus einer anderen Gegend, als dem durch Eichstädt[2]) und De Geer[3]) beschriebenen Basaltgebiet Schonens entstammt, oder wenigstens, dass, wie Eichstädt[4]) selbst zugiebt, in diesem Gebiet Basaltvorkommnisse existiren, die unter dem Mantel losen Diluvialmaterials verborgen geblieben sind. Je mehr aber das fortschreitende Studium der skandinavischen Geologie das Vorkommen bisher unbekannt gebliebener Basaltstöcke unwahrscheinlich

---

[1]) G. de Geer. Beskrifning till kartbladet Lund. Sver. Geol. Undersökning. Ser. Aa. No. 92. 1887.

[2]) Fr. Eichstädt. Skånes Basalter. Sveriges Geolog. Undersögelses Afthandlingar och Uppsatser. Ser. C. No. 51. Stockholm 1882.

Fr. Eichstädt. Om Basalttuffen vid Djupadal i Skåne. ibid. Ser. C. 58. 1883.

E. Svedmark. Mikrok. Undersögelse af de vid Djupadal i Skåne forekommende Basaltbergarterna. ibid. Ser. C. 60. 1883.

[3]) G. de Geer. Beskrifning till kartbladet Vidtsköfle etc. Sver. Geol. Undersökning. Ser. Aa. No. 105, 106, 107. 1889.

[4]) Fr. Eichstädt. Erratiska Basaltblock ur N. Tysklands och Danmarks Diluvium. ibid. Ser. C. No. 59. 1883.

macht, desto mehr muss es schliesslich wahrscheinlich werden, dass durch das Inlandeis vielleicht grössere Basaltmassen entfernt wurden, dass diesem eine bedeutende zerstörende Kraft zugeschrieben werden muss. Denn, das sei gleich bemerkt, nicht nur Geinitz beschreibt in einer später zu zitirenden Abhandlung Basaltgeschiebe, die in Schonen unbekannt sind, sondern dem Verfasser dieses Aufsatzes haben ebenfalls eine ganze Anzahl von sehr auffallenden Geschieben, die in Schonen nicht anstehend bekannt sind, vorgelegen. Manche dieser Geschiebe bieten schon makroskopisch so viel auffallende Merkmale, dass die Annahme ganz ausgeschlossen erscheint, Eichstädt könnte sie bei der Untersuchung des schonenschen Basaltgebiets übersehen haben. Der Umstand aber, dass sie gewisse Beziehungen zu bekannten schonenschen Basalten zeigen spricht dafür, dass recht bedeutende Basaltmassen dem Inlandeise zum Opfer gefallen sind, dass z. B. unsere Nephelindolerite, um die es sich hier handelt, dereinst bei Bosjökloster anstehend waren, wo jetzt keine Spur mehr von ihnen vorhanden zu sein scheint. Dagegen werden wir für manche, sich weiter von den schonenschen Gesteinen entfernende Geschiebe mit De Geer [1]) das Ostseebecken als Heimath anzusehen haben. Eine am Schluss dieses Abschnittes gegebene Zusammenstellung soll dies näher erläutern.

Die schonenschen Basalte sind von Eichstädt eingehend und fast erschöpfend beschrieben. [2]) Das von Basaltdurchbrüchen eingenommene Gebiet hat eine Grösse von annähernd 225 Quadratkilometern, es hat ungefähr die Form eines rechtwinkligen Dreiecks, dessen Katheten 26 ½ resp. 34 km lang sind. Das vorherrschend aus Gneiss bestehende Urgebirge trägt mehr als 70 Basaltkuppen und Felsen, die z. T. niedrig und von Diluvialablagerungen bedeckt sind, zum Theil aber auch zu bedeutenderen Höhen sich erheben und in Gestalt ansehnlicher Felsen aus dem lockeren Boden emporragen.

Eichstädt bemerkt, dass die Basaltfelsen übrigens nicht nothwendig sämmtlich selbstständige Eruptivmassen sein müssen, sondern dass vielleicht einige derselben einst in Zusammenhang standen und nachträglich durch denudierende Agentien getrennt wurden, so dass sie

---

[1]) G. de Geer. Beskrifning till kartbladet Lund. Sver. Geol. Undersökning. Ser. Aa. No. 92. 1887.

[2]) Fr. Eichstädt. Skånes Basalter. Sveriges Geolog. Undersögelses Affhandlingar och Uppsatser. Ser. C. No. 51. Stockholm 1882.

Fr. Eichstädt. Om Basalttuffen vid Djupadal i Skåne. ibid. Ser. C. 58. 1883.

E. Svedmark. Mikrok. Undersögelse af de vid Djupadal i Skåne forekommende Basaltbergarterna. ibid. Ser. C. 60. 1883.

jetzt isolirt dastehen. Die Detailbeschreibung der einzelnen Vorkomnisse macht diese Annahme zu einer wohlbegründeten.

Oestlich von dem von Eichstädt untersuchten Basaltgebiet, nahe der Ostküste Schonens, liegt noch das von De Geer aufgefundene Vorkommen. 1 km westlich der Kirche von Brösarp bedecken Tausende von Basaltblöcken den Boden und deuten das Vorhandensein eines nicht unbedeutenden Basaltergusses an.

De Geer vermuthet, wie schon gesagt, noch das Vorkommen anstehenden Basalts am Boden der Ostsee. Die Geschiebeuntersuchungen stützen diese Ansicht insofern, als mehrere Geschiebe gefunden worden sind, die sich von den schonenschen Vorkommnissen einigermaassen entfernen. Indessen ist doch die grosse Mehrzahl der Geschiebe so nahe mit den schonenschen Basalten übereinstimmend, dass wir wohl nicht fehl gehen, wenn wir die verborgenen Basaltergüsse für relativ unbedeutend halten.

Gegenüber der Bemerkung, dass die De Geersche Annahme überhaupt dem Basalt die Brauchbarkeit als Leitgeschiebe nehme, ist einzuwenden, dass es dann überhaupt kein Leitgeschiebe mehr giebt. Denn schliesslich kann jedes Gestein, das wir bisher als Leitgeschiebe betrachteten, irgendwo am Meeresboden verborgen sein und können damit alle darauf gegründeten Folgerungen hinfällig werden. Wenn wirklich am Boden der Ostsee nennenswerthe Basaltergüsse existiren, dann ist auch anzunehmen, dass sich unter den Geschieben eine grössere Anzahl von Typen findet, die den schonenschen unähnlich sind. Dass diese verborgenen Formen genau den schonenschen gleichen sollten, ist eine immerhin gewagte Annahme.

Die Basalte Schonens erscheinen fast sämmtlich dicht, meist ganz aphanitisch, selten etwas körnig, doch nie derart, dass eine Bestimmung der einzelnen Gemengtheile makroskopisch möglich wäre, mit Ausnahme des in vielen Fällen in Form grosser Einsprenglinge vorkommenden Olivins. Augit und Feldspath erscheinen selten makroskopisch. Die grossen Olivinfelseinschlüsse sind in einzelnen Vorkommnissen häufig. Mandeln mit Kalkspath, Zeolithen oder delessitartiger Substanz angefüllt sind häufig. Indessen sind eigentliche Mandelsteine, sowie porösschlackige Basalte ebensowenig in Schonen bekannt, wie grobkörnig doleritische Varietäten. Im Djupadal ist ein Basalttuff auf eine Länge von 500 Fuss mit 40—50 Fuss Mächtigkeit aufgeschlossen.

Unter den schonenschen Basalten finden sich fast sämmtliche Glieder der Basaltfamilie. Eichstädt unterscheidet Feldspath-, Nephelin-, Leucit- und Glasbasalte. Nach der jetzt wohl allgemein zur Geltung gelangten Nomenklatur Rosenbuschs sind die von Eichstädt als Basalt bezeichneten Gesteine zum Theil den Basaniten[1]) zuzurechnen, der Glasbasalt wäre als Limburgit zu bezeichnen.

Die grosse Zahl der Feldspathbasalte wird nach den verschiedenen Strukturformen weiter gegliedert in solche mit

a) krystallinisch körniger Struktur,
b) krystalliner Porphyrstruktur,
c) Vitroporphyrstruktur,
d) Vitrokrystalliner Porphyrstruktur,
e) Intersertalstruktur.

Die zweite der genannten Gruppen scheint für die schwedischen Basalte als besondere Strukturform nicht haltbar zu sein. Eichstädt selbst giebt zu, (in seiner Abhandlung über die als Geschiebe vorkommenden Basalte), dass er später in dem einzigen Vorkommen mit krystalliner Porphyrstruktur Glas entdeckt habe, so dass dieser Basalt der vierten Gruppe zuzurechnen sein dürfte.

Die Vitrophyrstruktur oder Vitroporphyrstruktur ist auch hier, wie gewöhnlich, selten oder fast nie in idealer Reinheit ausgebildet, sondern meist sind Uebergänge zur nächsten Strukturgruppe vorhanden, die nach Rosenbusch als die hypokrystalline Porphyrstruktur zu bezeichnen wäre. Verfasser würde die Gruppe der vitrophyrischen Basalte etwas kleiner machen, als Eichstädt. Bei einigen Basalten findet sich die hyalopilitische Form dieser Struktur in typischer Weise wieder.

Die Strukturformen der Nephelin führenden Basalte sind theils holokrystallin porphyrisch, theils sind ihre Strukturen wie bei den Feldspathbasalten hypokrystallin porphyrisch, der Limburgit ist als hypokrystallin porphyrisch zu bezeichnen.

Ueber Basaltgeschiebe liegt schon eine nicht unbedeutende Litteratur vor. Die älteren Arbeiten, in denen Basaltgeschiebe erwähnt werden, haben heute an Bedeutung verloren, seitdem durch Einführung des Mikroskops in die Petrographie gezeigt worden ist, dass manches aphanitische, schwarze Gestein, das ehemals für Basalt gehalten wurde, nicht diese Bezeichnung verdient. Jedem Geschiebesammler wird es schon vorgekommen sein, dass er ein zuerst als Basalt bestimmtes Geschiebe nach Betrachtung des Schliffs zu den Diabasen oder anderen Gesteinen legen musste.

Wenn in Nachfolgendem eine Uebersicht über die Ergebnisse der Geschiebestudien, soweit sie sich auf die Basalte Norddeutschlands

---

[1]) Das Gestein von Hästhallarne würde z. B. ein Nephelinbasanit sein, nicht -tephrit wie Eichstädt pag. 54 angiebt. Es enthält Olivin.

beziehen, zu geben versucht wird, so ist zu bemerken, dass es nicht ausgeschlossen ist, dass eine gelegentliche, sich irgendwo findende Bemerkung über Basaltvorkommnisse dabei übersehen wurde.

Zirkel[1]) beschreibt einen glasreichen Feldspathbasalt, der als Geschiebe bei Kiel gefunden wurde.

Aus *Liebischs*[2]) Arbeit ergiebt sich, dass bis dahin in Schlesien nordische Basalte nicht gefunden wurden.

Penck[3]) konnte mehrere Basalte aus dem Leipziger Diluvium mit schonenschen Vorkommnissen vergleichen und weist überhaupt auf Schonen als Ursprungsgebiet der norddeutschen Basalte hin. Dort findet sich auch eine Aufzählung der früheren Arbeiten, in denen Basaltgeschiebe Erwähnung finden.

H. O. Lang[4]) beschreibt als Basalt einige Gesteine aus der Bremer Gegend, von denen ein Theil diese Bezeichnung sicher nicht verdient. Ein von ihm beschriebenes Geschiebe aus Ostpreussen, das der Beschreibung zufolge Basalt sein könnte, obgleich es auch Eigenheiten zeigt, die gegen seine Basaltnatur sprechen, ist zu vereinzelt, um annehmen zu dürfen, dass Basalt als Geschiebe nach Ostpreussen gelangt ist. Lang spricht sich gegen Pencks Ansicht von der Herkunft der norddeutschen Basaltgeschiebe aus Schonen aus, allerdings mit nicht stichhaltigen Gründen. Er vergleicht die Geschiebe mit arktischen Gesteinen.

Ich konnte Dank dem freundlichen Entgegenkommen des Direktors des Städtischen Museums für Naturkunde in Bremen, Herrn Professor Dr. Schauinsland, dem ich auch hier meinen verbindlichsten Dank ausspreche, die der Arbeit von Lang zu Grunde gelegten Schliffe untersuchen. Nach meiner Ansicht müssen die Nummern 56, 66, 34 (Eichstädt schreibt irrthümlich 35) aus den Basalten ausgeschieden werden, es liegen hier Diabase vor. Während 56 ein echter Kinnediabas ist und 34 dem Hunnetypus angehört, ist 66 ein Enstatitdiabas. Das dem Augit eingewachsene, von Lang als Glimmer betrachtete Mineral ist rhombischer Pyroxen, der sich auch in selbstständigen

---

[1]) F. Zirkel, Untersuchungen über die mikroskopische Zusammensetzung und Struktur der Basaltgesteine. Bonn 1870.

[2]) Th. Liebisch, die in Form von Diluvialgeschieben in Schlesien vorkommenden massigen Gesteine. Breslau 1874.

[3]) A. Penck, Nordische Basalte im Diluvium von Leipzig. N. Jahrbuch für Mineralogie 1877.

[4]) H. O. Lang, Erratische Gesteine aus dem Herzogthum Bremen. Göttingen 1879. Ders. Zur Abwehr. Abhandl. des Naturwissensch. Vereins in Bremen 1881.

Krystallen findet. Auch die Doleritlava von Rechtenfleth (ohne Nummer) halte ich, ebenso wie Eichstädt, nicht für basaltisch, sondern für einen Diabas. Nur das Geschiebe 61 von Wellen ist ein echter Basalt, wenn auch kein Magmabasalt mit farbloser Basis, sondern ein Nephelinbasalt mit braunem Glase (vergl. unten unter Hagstad).

Damit ist die »Parallele der Nordpolar-Basalte mit den Bremer Geschieben« hinfällig.

Heinemann[1]), der zuerst eine Uebersicht über die krystallinen Geschiebe Schleswig-Holsteins auf Grund mikroskopischer Untersuchungen giebt, bestimmte mehrere Gesteine als Basalte. Vergleichsmaterial anstehenden Gesteins konnte er nicht benutzen. Er spricht sich gegen Pencks Ansicht, dass die fraglichen Geschiebe aus Schonen stammen, aus. Seine Gründe, die er gegen Penck geltend macht, können nicht als stichhaltig angesehen werden.

Remelé[2]) beschreibt kurz 4 Geschiebe aus der Gegend von Eberswalde. Bei einem hält er es für möglich, dass es Melaphyr sei. Zirkel, dem die Geschiebe vorgelegt sind, meint, dass die Basalte von Anneklef stammen können, ohne sich mit Bestimmtheit auszusprechen. Eine zweite Notiz von Remelé stellt fest, dass Klockmann (s. nächste Arbeit) zwei Geschiebe, die er für Basalt hielt, als Melaphyr bestimmte.

Klockmann[3]) beschreibt Gesteine von Segeberg, Vorsfelde bei Braunschweig, Schwerin in Mecklenburg und Eberswalde. Alle sind einander so ähnlich, dass Klockmann nicht ansteht, sie von einem Vorkommen herzuleiten, und zwar werden sie auf Grund unmittelbaren Vergleichs mit dem Basalt von Sösdala in Schonen identifizirt. Auffallend ist, dass Klockmann nichts von dem Titaneisenglimmer sagt, der das Gestein von Sösdala auszeichnet.

Siemiradzki[4]) ist bei Bestimmung seiner Geschiebe aus Kurland unsicher, ob Basalt, Melaphyr oder Diabas vorliegt. Bei zwei Stücken, die bestimmt als Basaltlaven angesprochen

---

[1]) J. Heinemann. Die krystallinen Geschiebe der Provinz Schleswig-Holstein. Kiel 1879.

[2]) A. Remelé. Basaltgeschiebe von Eberswalde. Zeitschrift der deutschen geolog. Gesellschaft 1880.

[3]) F. Klockmann. Ueber Basalt, Diabas und Melaphyrgeschiebe aus dem norddeutschen Diluvium. Zeitschrift der deutschen geolog. Gesellschaft 1880.

[4]) Siemiradzki. Basaltgeschiebe in Kurland. Sitzungsberichte der Naturforschenden Gesellschaft in Dorpat VI. 1. 1881.

werden, hält er es für möglich, dass sie keine eigentlichen Geschiebe sind, sondern zufällig an ihren Ort, den Meeresstrand, gelangten.

E. Geinitz [1]) hat wiederholt das Vorkommen von Basaltgeschieben in Mecklenburg zum Gegenstand der Untersuchung gemacht. Die Geschiebe wurden ausführlich beschrieben und eine Anzahl auf Grund unmittelbaren Vergleichs auf Schonen zurückgeführt.

Das Vergleichsmaterial Geinitzs war anscheinend nicht sehr umfassend und kann ich mich mit einzelnen seiner Bestimmungen nicht unbedingt einverstanden erklären. So scheint das Gestein Sternberg No. 10 mehr mit dem Glasbasalt »Wester om Rönne« als mit dem Nephelinbasalt von Bosjökloster übereinzustimmen; in den auf Sösdala bezogenen Geschieben von Satow 24, Mieckenhagen 8, Sternberg 171 und Zarrentin 231 wird des braunen, Titaneisenglimmer ähnlichen Minerals, das Eichstädt als charakteristisch für Sösdala bezeichnet, keine Erwähnung gethan, was doch wohl gegen die Ursprungsbestimmung spricht. 5 Nephelinbasanite mit doleritischem Habitus konnte Geinitz nicht identifiziren.

Namentlich hinsichtlich dieser Geschiebe hat sich die von Geinitz gegebene ausführliche Beschreibung als nützlich erwiesen insofern als in dem Material des Hamburgischen Museums genau übereinstimmende Geschiebe wiedererkannt werden konnten.

Zu bemerken ist noch, dass Geinitz sich mit Entschiedenheit gegen die Ansichten H. O. Langs von der möglichen Provenienz unserer Basaltgeschiebe aus polaren Regionen ausspricht. Gleich Penck will er alle unsere Basalte auf Schonen zurückgeführt sehen.

Bemerkenswerth ist ferner, dass Geinitz zwei Feldspath-Basaltmandelsteine von Ludwigslust und Rostock erwähnt. Nach Eichstädt fehlen solche Mandelsteine in Schonen. Gleich hier sei bemerkt, dass sich die zahlreichen Mandelsteine der Hamburgischen Geschiebesammlung ausnahmslos als nicht basaltisch erwiesen haben. Sie sind theils Diabase, theils Melaphyr ähnliche Gesteine.

---

[1]) E. Geinitz. Die Basaltgeschiebe im mecklenburgischen Diluvium. Beiträge zur Geologie Mecklenburgs III. Archiv des Vereins der Freunde der Naturgesch. in Mecklenburg 1881.

E. Geinitz. Die Geschiebe krystalliner Massengesteine im mecklenburg. Diluvium. Beiträge zur Geologie M. IV. ibid. 1881.

E. Geinitz. Bemerkung zum III. Beitrag zur Geologie Mecklenburgs. ibid. 1881.

E. Geinitz. Die skandinavischen Plagioklasgesteine und Phonolith aus dem mecklenb. Diluvium. Nova acta der Leop. Akademie. Halle 1882. 35 Band.

Neef[1]) beschreibt einen Leucittephrit aus der Gegend von Eberswalde, den Eichstädt (s. u.) auf Sandåkra zurückführt. Ein Basaltgeschiebe von Heckelberg bei Eberswalde wird beschrieben, aber nicht mit einem bestimmten Vorkommen identifizirt.

Eichstädt[2]) hat unstreitig die wichtigsten Beiträge auch zur Kenntnis der Basaltgeschiebe geliefert. Von 20 Basaltgeschieben, die er untersucht hat (darunter 6 von den dänischen Inseln, die andern aus Norddeutschland) konnte er 18 mit Bestimmtheit auf Schonen als Ursprungsgebiet zurückführen. Ein neunzehnter gleicht in seinem Habitus den schwedischen Basalten. Hinsichtlich der von Geinitz nicht identifizirten Geschiebe spricht er sich auch für ihre Herkunft aus dem schonenschen Basaltgebiet aus. Schliesslich äussert Eichstädt noch den Wunsch, dass eine noch grössere Anzahl von Basaltgeschieben untersucht werde, namentlich aus den Grenzgebieten ihres Vorkommens. Er will keineswegs behaupten, dass die Frage nach der Herkunft der erratischen Basaltblöcke aus Schonen endgültig gelöst sei, wenn auch bis zu dem Augenblick seiner Publikation noch kein Einwand gegen die Herkunft aus Schonen beigebracht sei.

Sjögren[3]) fand auf Helgoland 2 Basalte, von denen Eichstädt den einen mit Bestimmtheit auf Klingstorp, den andern auf Gunnarp oder Höjaböge in Schonen zurückführt. Er theilt mit, dass Helgoland bis dahin der westlichste Punkt sei, an dem nordische Basalte gefunden wurden.

Haas[4]) berichtet kurz über Geschiebestudien, deren Ergebnisse später veröffentlicht werden sollen.

Klockmann[5]) bemerkt bei einer Aufzählung der in der Mark vorkommenden Geschiebe, dass Basalt sich in kleineren Blöcken findet, im Westen häufiger als im Osten. Einzelbeschreibungen und Vergleiche werden — ausser Citaten aus Eichstädt und Neef — nicht gegeben.

---

[1]) M. Neef. Ueber seltnere krystallinische Diluvialgeschiebe der Mark. Zeitschrift d. deutsch. geolog. Gesellschaft 1882.

[2]) F. Eichstädt. Erratiska Basaltblock ur N.-Tysklands och Danmarks Diluvium. Geol. Föreningens i Stockholm Förhandl. 1883, No. 82.

[3]) Hj. Sjögren. Om skandinaviska block och diluvial bildningar på Helgoland. Geol. Föreningens i Stockholm Förhandl. 1883. p. 84. Bd. VI.

[4]) H. Haas. Briefliche Mittheilung. Neues Jahrbuch für Mineralogie 1883.

[5]) G. Berendt und W. Dames. Geognostische Beschreibung der Umgegend von Berlin. Jahrb. der Pr. geol. Landesanstalt 1885.

Haas[1]) hat eine ganze Anzahl von Basaltgeschieben aus der Provinz Schleswig-Holstein untersucht und mit den Beschreibungen, die Eichstädt giebt, verglichen. Vergleichsmaterial stand ihm nur für den Limburgit von Hagstad und den Nephelinbasanit von Bosjökloster zu Gebote. Ersteren fand er im Korallensande von Wilhelminenhöhe bei Kiel wieder. Von 11 untersuchten Nephelinbasaniten werden neun an verschiedenen Fundorten aufgelesene Stücke auf Bosjökloster zurückgeführt. Die Fundpunkte liegen über die ganze Provinz zerstreut.

Cohen u. Deecke[2]) bemerken gelegentlich, dass sie Basalt trotz eifrigen Suchens in dem von ihnen untersuchten Gebiet nicht angetroffen haben, ohne damit das vollständige Fehlen in Pommern behaupten zu wollen.

Schröder van der Kolk[3]) vergleicht einen Basalt aus den Swiepschen Bergen mit einem Schliff von Anneklef und findet gute Uebereinstimmung. Geschiebe von Loyerberg, Isterberg und Vries werden auf Grund der Beschreibungen von Eichstädt mit Gunnarp, Bosjökloster und Stenkilstorp verglichen.

Martin[4]) kritisirt eingehend und theilweise abfällig die Arbeit Schröder van der Kolks, soweit sie sich auf Basalte bezieht. Er giebt an »unter den fünfzig Basalten aus dem Herzogthum Oldenburg, welche ich s. Z. in Stockholm an der Sveriges Geologiska Undersökning mit der dort vorhandenen Schliffsammlung schonenscher Typen verglichen habe, sind 33 Feldspathbasalte, 3 Nephelinbasalte und 14 Glasbasalte vertreten. Nur Leucitbasalt fehlt, doch kann dies nicht überraschen, weil diese Art in Schonen nur an einer einzigen Stelle im Anstehenden bekannt geworden ist«. »Von einer Beschreibung der von mir in West-Hannover und Oldenburg gesammelten Basalte glaube ich an dieser Stelle absehen zu dürfen, weil durch die petrographische Beschaffenheit der Lagerstätten jedenfalls für die grosse Mehrzahl jener Geschiebe die nordische Abstammung hinreichend verbürgt ist«.

---

[1]) H. Haas. Beiträge zur Geschiebekunde der Herzogthümer Schleswig-Holstein. Schriften des naturwissenschaftl. Vereins für Schleswig-Holst. Kiel 1885.

[2]) E. Cohen und W. Deecke. Geschiebe aus Neuvorpommern und Rügen. Mitth. des Naturw. Vereins für Neuvorpommern und Rügen. 23. Jahrgang 1891.

[3]) J. L. C. Schröder van der Kolk. Bijdrage tot de Kennis der Verspreiding onzer krystallijne Zwervelingen. Leiden 1891.

[4]) J. Martin. Diluvialstudien I—III. Jahresbericht d. Naturwiss. Vereins zu Osnabrück 1891—1896.

Ders. Diluvialstudien VII. Abh. d. naturw. Vereins Bremen. 1898. XVI. Bd.

Hoffentlich erfolgt diese eines Tages, es wäre doch gewiss interessant zu erfahren, ob die Zahl der in Schonen nicht mit absoluter Sicherheit wieder auffindbaren Geschiebe — deren Geinitz bereits zwei fand — etwa noch gross ist. Im Ganzen hat Martin dreihundert Basalte gesammelt, woraus sich eine besonders grosse Häufigkeit dieses Geschiebes in dem erforschten Gebiet ergiebt.

Cohen u. Deecke [1]) bemerken wiederholt, dass ihnen Basalt unter den pommerschen Geschieben nicht bekannt geworden sei.

E. Geinitz [2]) beschreibt einen Basaltperlit, der als Geschiebe bei Warnemünde gefunden wurde. Im Anstehenden ist dies Gestein nicht bekannt.

In einem Nachtrage wird das Stück als Andesitperlit bezeichnet und als muthmassliche Heimath das Helsingland angegeben.

Van Calker [3]) untersuchte 8 Basaltgeschiebe von Kloosterholt in Groningen. 2 derselben stammen von Anneklef, eins ähnelt dem Gestein von Allarpsberg, eins stimmt mit Frederiksberg bei Sösdala überein. 2 eigenthümliche Geschiebe VII u. VIII, die Calker den Basalten zurechnet, scheinen kaum als echte Basalte angesehen werden zu können. Sicherlich ist wenigstens unter den schonenschen Basalten, die ich wohl ziemlich vollständig habe studiren können, kein dem beschriebenen ähnliches Gestein zu finden. Ein Nephelinbasalt wird nicht auf ein bestimmtes Anstehendes bezogen, das Herkommen von Lillö oder Gellaberg als möglich hingestellt.

V. Kraatz-Koschlau [4]) fand schonensche Basalte bei Halle. Ein Stück wird auf Anneklef bezogen.

Angaben über Basaltfindlinge finden sich ferner in den Erläuterungen zur geologischen Spezialkarte des Königreichs Sachsen, Blatt 10, 12, 14, 25, 41, 48, 57. Ich konnte diese nicht einsehen.

Bevor die Aufzählung der im Hamburgischen Naturhistorischen Museum befindlichen Basaltgesteine und ihre Herkunftsbestimmung erfolgt, seien einige Worte den Lagerstätten derselben gewidmet.

---

[1]) E. Cohen und W. Deecke. Ueber Geschiebe aus Neuvorpommern und Rügen. Erste Fortsetzung. Mitth. des naturw. Vereins für Neuvorpommern und Rügen 1896. 28. Jahrg.

[2]) E. Geinitz. Geologische Notizen aus Mecklenburg. Archiv der Freunde der Naturgesch. in Mecklenburg 1898. Nachtrag ebendaselbst.

[3]) F. J. P. van Calker. Ueber eine Sammlung von Geschieben von Kloosterholt (Provinz Groningen). Zeitschr. d. Deutsch. Geol. Ges. 1898.

[4]) K. v. Kraatz-Koschlau. Glacialstudien aus der Umgegend von Halle. Neues Jahrbuch für Mineralogie 1898. II. Bd.

Wenn im Nachstehenden auf eine Angabe des wahrscheinlichen Alters der Ablagerungen, denen die Geschiebe entnommen wurden, verzichtet wird, so liegt der Grund in erster Linie darin, dass bei der grossen Mehrzahl der Handstücke einfach der Fundort angegeben ist, ohne nähere Angabe der Ablagerungen. Sodann besteht augenblicklich wohl mehr als je Unsicherheit über die Kriterien, die eine Unterscheidung der verschiedenaltrigen Glacialablagerungen ermöglichen sollen.[1]) Seitdem nun gar das Vorhandensein von mehreren Geschiebemergeln wahrscheinlich gemacht worden ist, ist die Hoffnung, zu einer reinlichen Scheidung dieser drei Mergel, oder gar zur sichern Bestimmung des an einem bestimmten Orte sich findenden Mergels oder Sandes gelangen zu können, anscheinend in weite Ferne gerückt.

Es dürfte deshalb eine Angabe bei unseren Geschieben, welcher Vereisung sie angehören, einen derartigen Grad von Unsicherheit besitzen, dass besser darauf verzichtet wird. Durch möglichst genaue Angabe des Fundortes — wo diese angängig ist — bleibt die Möglichkeit bestehen, die einzelnen Geschiebe etwa später, wenn eine Unterscheidung der Glacialablagerungen möglich geworden ist, bestimmten Vereisungen zuzuweisen.

Nur hinsichtlich einiger dänischer Geschiebe kann gleich hier die Altersbestimmung gegeben werden.

Zu den bereits von Eichstädt beschriebenen Basalten der dänischen Inseln kommen nachstehend nämlich noch einige Basalte aus Dänemark hinzu, deren Transportrichtungen im Allgemeinen nicht in der Hauptbewegungsrichtung der ersten Vereisung liegen. Wir dürfen aber ihr Vorkommen als Stütze für die von Zeise[2]) und Lundbohm[3]) ausgesprochene Ansicht betrachten, dass die erste Vereisung schon einen baltischen Strom besessen hat, der in theilweise ost-westlicher Richtung floss. Wir müssen sie diesem ersten baltischen Strom zurechnen, da der baltische Strom der zweiten Eiszeit das Basaltgebiet Schonens nicht berührt hat.[4])

---

[1]) Vergl. C. Gottsche. Die Endmoränen und das marine Diluvium Schleswig-Holsteins. II. Theil. Mitth. d. Geogr. Ges. Hamburg 1898.

[2]) O. Zeise. Beiträge zur Kenntniss der Ausbreitung, sowie besonders der Bewegungsrichtungen des nordeuropäischen Inlandeises in diluvialer Zeit. Königsberg 1889.

[3]) Hj. Lundbohm. Om den äldre baltiska isströmmen i Sverige. Geol. Fören. Forhandl. X. Stockholm 1888.

[4]) Vergl. hierüber neben der citirten Arbeit Lundbohms G. de Geer, om den skandinaviska Landisens andra utbredning. Geol. Fören. Forh. VII. Stockholm 1884.

Ders. Beskrifning till kartbladet Lund (pag. 37). Sver. geol. Undersökning. Ser. Aa. No. 92. 1887.

Eine genaue Beschreibung der einzelnen Geschiebe wird da erfolgen, wo Abweichungen vom Vergleichsmaterial eine genaue Heimathsbestimmung unmöglich machen oder die Wahrscheinlichkeit vorliegt, dass im Geschiebe eine in Schweden noch nicht bekannt gewordene Ausbildungsform vorliegt. Es wird bei späteren Geschiebeuntersuchungen von Werth sein, etwa solche Vorkommnisse noch zu vermehren und festzustellen, ob eine noch grössere Zahl von Geschieben sich findet, die sich nicht identifiziren lässt.

Bezüglich der Heimathsbestimmung werden verschiedene Beobachter bei einem und demselben Geschiebe zuweilen verschieden urtheilen. Es liegt dies einerseits in der Unmöglichkeit, in allen Fällen eine absolute Uebereinstimmung zwischen Anstehendem und Geschiebe zu konstatiren, andererseits in der verschiedenen Werthung der Abweichungen; der eine wird vielleicht mehr Gewicht auf die Zusammensetzung, der andere auf den Gesammthabitus legen. Um ein Beispiel zu nennen: Der Feldspathbasalt von Köinge und der Limburgit von Stenkilstorp sind nach meinen Erfahrungen in ihren extremsten Ausbildungsformen wohl unterscheidbare Gesteine. Durch Zunahme des Feldspathgehalts in Letzterem tritt eine Annäherung an das Köingegestein ein. Wenn nun der eine Beobachter mehr Werth auf den Glasreichthum und dessen Krystalliten legt, der andere mehr auf den Feldspathgehalt, so werden sie zu verschiedenen Heimathsbestimmungen gelangen. Indessen sind solche Verschiedenheiten für die geologische Verwerthung der Bestimmungen ziemlich ohne Bedeutung.

Noch schwieriger als bei dem genannten Beispiel liegt die Sache bei den Gesteinen die der Eichstädtschen Gruppe Plagioklasbasalte mit vitrokrystalliner Porphyrstruktur und farbloser Basis angehören. Wir finden hier an verschiedenen Orten ganz gleiche, ununterscheidbare Ausbildungsformen. Wenn also in Nachstehendem ein Basalt als von Anneklef herstammend bezeichnet wird, so kann damit die Herkunft von einem andern Orte nicht ausgeschlossen sein, es soll nur gesagt sein, dass die dort vorliegende Ausbildungsform im Geschiebe sich wiederfindet. So kann ein nachstehend auf Anneklef bezogenes Gestein von Randsliderna stammen.

Die Geschiebe sind in derselben Reihenfolge beschrieben, die Eichstädt in seiner Arbeit über die schwedischen Basalte einhält.

Plagioklasbasalt.

A. Mit krystallinisch körniger Struktur.

Von Randsliderna (Eichstädt p. 18) stammt nach Eichstädts Vermuthung ein von H. O. Lang bei Wellen gefundenes Geschiebe. Nach meinen Untersuchungen ist dasselbe dem Hunnediabas zuzurechnen.

B. Mit krystallinischer Porphyrstruktur.

Als besonderes Kennzeichen des Basalt von Perstorpsstation (Eichstädt pag. 19) gelten die Feldspatheinsprenglinge.

Uns liegt ein Geschiebe vor, das von dem Anstehenden zwar in einigen Hinsichten abweicht, doch mit demselben die porphyrartig ausgeschiedenen grossen Feldspathe und andere Eigenschaften theilt.

Das bei Hamburg gefundene Stück zeigt makroskopisch in der dichten schwarzen Grundmasse einen grossen Reichthum an glasglänzenden Feldspath-Einsprenglingen, die bis nahezu 1 cm lang sind und meist lang leistenförmig erscheinen.

Sie sind im Schliff wasserklar, zeigen Albitstreifung vorherrschend, ab und zu Periklinstreifen. Die meisten sind einschlussfrei, einzelne sind dagegen dicht erfüllt mit unregelmässig begrenzten, lappigen, durch dunkle Krystalliten entglasten Glaseinschlüssen. Auch klare Glaseier und Augitkörner sind eingeschlossen. Olivin kommt nur vereinzelt in grossen Einsprenglingen vor, ist in kleinen Durchschnitten aber ziemlich häufig. Die Begrenzung ist meist ziemlich scharf, Einschlüsse sind spärlich vorhanden. Die kleinen Krystalle sind z. T. gänzlich in eine serpentinartige Masse verwandelt. Augit findet sich als Einsprengling nur spärlich, seine Umgrenzungen sind mässig, oft schlecht erhalten. Augitaugen finden sich mehrfach, Zwillinge nach dem Orthopinakoid sind wiederholt beobachtet worden. Zu den prismatischen Spaltrissen gesellen sich rohe, aber deutliche Sprünge nach beiden Pinakoiden. Er ist zentral einschlussfrei, umschliesst aber randlich Magnetitkörnchen. Augit und Plagioklas sind in einem Fall derart verwachsen, dass sich das höhere Alter des Feldspaths gegenüber dem Augit feststellen liess.

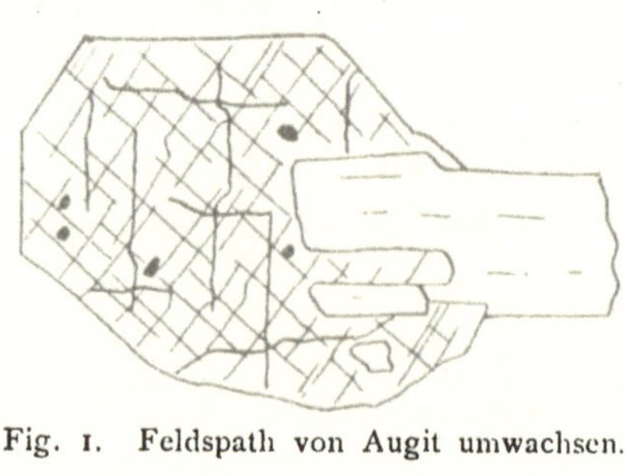

Fig. 1. Feldspath von Augit umwachsen.

Fig. 2. Erzeinschlüsse.

Magnetit ist in kleinen gut begrenzten Kryställchen sehr gleichmässig vertheilt. Einzelne merkwürdig lappige, sehr grosse Erzeinsprenglinge, wie sie in Diabasen vorzukommen pflegen, wurden beobachtet.

Die Grundmasse besteht aus vorherrschenden glashellen und frischen Plagioklasleisten, die zum Theil die gleichen Interpositionen, wie die Einsprenglinge beherbergen. Sehr ausgeprägte Fluidalstruktur zeigt sich. Der untergeordnete Augit der Grundmasse erscheint fast stets in rundlichen Körnern, Leistenform mit guten Begrenzungen ist nur ausnahmsweise vorhanden. Die als Mesostasis vorkommende Glasbasis ist an sich farblos, doch giebt der zum Theil grosse Reichthum an Globuliten ihr oft gräulich braune Farbe, lange schmale farblose Nadeln sind häufig, spärlich finden sich opake Trichiten.

Mit dem Gestein von Perstorpsstation theilt unser Geschiebe den Reichthum an Plagioklas-Einsprenglingen, auch das Zurücktreten des Augits in der Grundmasse und seine unregelmässige Körnerform. Vergleicht man den Originalschliff Eichstädts mit dem des Geschiebes, so ist eine unverkennbare Aehnlichkeit vorhanden. Nur ist das Korn des Geschiebes in allen seinen Bestandtheilen wesentlich gröber. Auch ist die Glasbasis, die Eichstädt zuerst nicht beobachtete, in dünnen Schliffen später auffand, im Geschiebe, wenn auch nur intersertal eingeklemmt, doch so reichlich vorhanden, dass sie sich nicht übersehen lässt. Ferner ist das Originalgestein viel reicher an Magnetit als das Geschiebe. Wir können unbedenklich das Geschiebe dem Massiv zuschreiben, das den bei Perstorpsstation liegenden Block[1]) geliefert hat und das, wenn es nicht ganz zerstört ist, irgendwo dort verborgen sein muss. Jedenfalls kommt unser Geschiebe dem Vorkommen von Perstorp viel näher als die Geschiebe »Glimmerführender Feldspath-Nephelinitoid-Basalt mit porphyrischen Feldspäthen« von Sternberg, die Geinitz beschreibt und die Eichstädt trotz der vielen Abweichungen von dem schwedischen Vorkommen von Perstorp herleiten möchte. Mir scheint übrigens, dass Eichstädt den Basalten eine allzugrosse Variabilität zuschreibt, wenn er das Geschiebe von Sternberg mit seinem reichlichen Biotit, Nephelinitoidgehalt und Olivinmangel nur wegen des Vorhandenseins von Feldspath-Einsprenglingen dem Perstorpgestein zurechnet. Mir scheint eher Bonarp vorzuliegen. (S. unten).

C. Mit Vitroporphyrstruktur.

Das sehr eigenthümliche Gestein von Lönneberg (Eichstädt pag. 20) findet sich in zwei Geschieben, einem von Rainville bei

[1]) Eichstädt fand von diesem Gestein nur einen grösseren Block.

Altona und einem von Lauenburg wieder. Ersteres ist im Korn wesentlich gröber als das anstehende Gestein, zeigt sonst in den kleinsten Einzelheiten Uebereinstimmung. Entsprechend der gröberen Ausbildung der Gemengtheile, haben sich in dem Geschiebe die opaken Trichiten zu deutlich bestimmbaren Skeletten von Magnetit in den schönen aus vitrophyrischen Gesteinen bekannten Formen auswachsen können. Das Geschiebe von Lauenburg giebt das Bild des anstehenden Gesteins hinsichtlich der Grössenverhältnisse seiner Gemengtheile genauer wieder, ist aber zersetzt. Die Basis ist nicht mehr einfach brechend, sondern zeigt Aggregatpolarisation. Die Farbe ist heller geworden, die Trichiten erscheinen nicht mehr so sauber, sondern wie bestäubt. Der Gesammthabitus ist aber unzweifelhaft auf Lönneberg hinweisend. Ein ähnliches Geschiebe fand sich nach Eichstädt bei Travemünde.

In dem Snababerggestein (Eichstädt pag. 23) findet sich ein dunkelbraun durchscheinendes, entfernt an Glimmer erinnerndes Mineral, dessen Natur Eichstädt nicht zu bestimmen vermochte. Da indessen kein einziges Merkmal gegen die Titaneisenglimmer-Natur desselben spricht, dürfen wir es sicher mit diesem Mineral identifiziren. Der Schliff des Geschiebes von Bülk am Kieler Hafen stimmt so genau mit dem Eichstädtschen Originalschliff überein, dass beide Schliffe von einem Handstück stammen könnten. Vielleicht ist der Titaneisenglimmer in dem Geschiebe etwas spärlicher vorhanden.

Ein Stück von Bahrenfeld stimmt genau mit dem Gestein »öster om Gärahus« (Eichstädt pag. 25) überein, namentlich finden sich hier in den Feldspathen die nur bei Lönneberg und Gärahus vorkommenden, den Zwillingsstreifen parallel liegenden dunklen Basisstreifen. Unser Geschiebe enthält innerhalb des durch zahlreiche Trichiten entglasten braunen Glases hellgelbbraune, rundliche oder unregelmässig gestaltete, scharf abgegrenzte, durchaus homogene Parthien, die das Licht einfach brechen. Es kann hier Glas vorliegen, das ganz frei von Entglasungsprodukten ist, vielleicht ist aber hier, wie in dem folgenden Geschiebe, Analcim vorhanden.

Ein Geschiebe von Neu-Schobüll bei Apenrade gleicht nach seinem Aussehen dem Gärahus-Basalt (Eichstädt pag. 25) ziemlich. Die in diesem Gestein so auffallend devitrifizirte Glasbasis findet sich hier wieder, die Feldspathleisten zeigen wie dort der Streifung parallel gelagerte schwarze Striche. Doch ist das Gesammtbild ein etwas anderes durch das häufige Auftreten isotroper, farbloser oder zart hellgrünlicher, durchsichtiger Parthien, wie Eichstädt sie in dem

Gunnarpbasalt[1]) beschreibt und abbildet. Er hält sie für ein noch unbekanntes Mineral, während Martin[2]), der ähnliche Gebilde beobachtete, sie für Glas hält. Ich konnte deren Anwesenheit wie Eichstädt in mehreren schwedischen Basalten konstatiren, habe sie auch in vielen Geschieben gefunden. Gegenüber der Martinschen Deutung, der diese Gebilde als Glas aufgefasst sehen will, ist einzuwenden, dass der absolute Mangel an Krystalliten, der sich in vielen Fällen ganz auffallend geltend macht, kaum mit seiner Ansicht vereinbar ist. Zwar sieht man gelegentlich Trichiten aus der umgebenden Glasmasse in die weissen Flecken hineinragen, aber diese selbst pflegen doch ganz rein zu sein, abgesehen von den gelegentlichen Einschlüssen deutlich krystallisirter Bestandtheile wie sie in der Grundmasse sich finden. Eichstädt scheut sich, sie für Analcim anzusprechen, weil sie durchaus nicht den Eindruck sekundärer Bestandtheile machen. Seitdem aber das Vorkommen von Analcim als primärer Gemengtheil in Gesteinen ziemlich sicher nachgewiesen[3]) ist, verdient die Frage, ob Analcim vorliegen kann, erneute Prüfung. Whitman Cross entdeckte in Colorado, in dem Park The Basin, zwölf Meilen westlich von Cripple Creak, einen Basalt mit Analcim als wesentlichem, primärem Gemengtheil. Dort ist der Analcim makroskopisch erkennbar, er tritt in rundlichen Flecken von ca. 1 mm Durchmesser auf. Neben den doppeltbrechenden Mineralien tritt im Schliff in reichlicher Menge eine isotrope, farblose, rundliche Körner bildende Masse auf, die nach Whitman Cross durchaus nicht als Glasbasis zu bezeichnen ist. »Die grösseren Körner sind fast ganz frei von Einschlüssen, und weil das isotrope Mineral wahrscheinlich der zuletzt auskrystallisirende Bestandtheil war, hat es bei seinem Wachsthum die kleineren Augit- und Magnetitkörnchen so zurückgedrängt, dass sie oft eine deutliche Zone (distinct zone) um dasselbe bilden. Diese Erscheinung scheint ein klarer Beweis für eine Krystallisationskraft zu sein. Die kleineren Körner sind untermischt mit Augit, Magnetit und Feldspath. Während keine Krystallform beobachtet wurde, wurden Ringe oder Kränze von kleinen Einschlüssen in einigen Körnern wahrgenommen, und diese erinnerten so auffallend an Leucit, dass ich, bevor die chemische Analyse gemacht war, es für sicher hielt, dass das Gestein ein Leucitbasalt wäre. Eine

---

[1]) Skånes Basalter pag. 35.

[2]) Diluvialstudien III pag. 26.

[3]) L. V. Pirsson. The Monchiquites or Analcite Group of Igneous Rocks. The Journal of Geology. Chicago. Vol. IV. 1896.

Whitman Cross. The Analcite Basalt from Colorado. The Journal of Geology V. Chicago 1897.

rauchige Färbung (smoky tinge) findet sich in sehr wenigen Körnern, und in einem ist die färbende Substanz in Zonen angeordnet, die deutlich eine reguläre Krystallform verrathen. Unregelmässige Risse durchziehen die Substanz, und sein Brechungsquotient, nach Beckes Methode geprüft, ist geringer als der von Canadabalsam.«

Whitman Cross hat die Körner isolirt und analysiren lassen. Das Ergebniss war, dass die Zusammensetzung einem Analcim sehr nahe kam. Kleine Abweichungen von der idealen Zusammensetzung sind bei solchen Partialanalysen immer vorhanden, da sich, wie auch hier, eine absolut einheitliche Substanz wohl kaum jemals erhalten lässt.

Vergleichen wir die rundlichen Einschlüsse des farblosen Minerals in den schwedischen Basalten mit der Beschreibung die Cross giebt, so trifft sie fast Wort für Wort zu. Fast alle Merkmale des »Analcim«

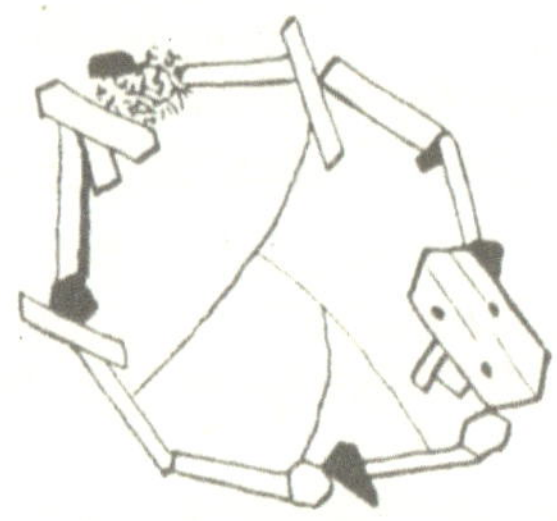

Fig. 3. Analcim. ?

in dem amerikanischen Basalt finden sich hier wieder. Namentlich die Erscheinung des Auseinanderdrängens der Augit- und Plagioklasleisten durch die farblose Substanz fällt ausserordentlich oft auf. Der niedrige Brechungsexponent ist sehr auffallend. Besonders da, wo Augit- oder Plagioklasleisten zum Theil in Glas, zum Theil in der farblosen Substanz eingebettet sind, kann man oft beobachten, wie die genannten Leisten mit wesentlich höherem Relief aus der farblosen Substanz hervortreten. Cross erwähnt nichts von Polarisationserscheinungen. In unseren Gesteinen erscheint die Mehrzahl der in Rede stehenden Parthien isotrop, nicht selten aber ist ein schwacher unbestimmter Lichtschimmer, wie er bei den sogenannten optisch anomalen Mineralien auftritt, zu erkennen. Nimmt man zu allen Eigenschaften noch die Unwahrscheinlichkeit des Vorkommens von farblosem, reinem Glase in braunem, stark devitrifiziertem Glase, noch dazu in meist ziemlich scharfer Abgrenzung, so gewinnt die Annahme, dass Analcim vorliegen kann, an Wahrscheinlichkeit. Um diese Einschlüsse mit Sicherheit als Analcim ansprechen zu dürfen, bedarf es sicherlich noch genauerer Untersuchungen, besonders auch chemischer

Analysen; die Möglichkeit, dass Analcim vorliegt, darf indessen nicht aus dem Auge gelassen werden.

Erwähnt sei übrigens noch, dass bisweilen deutlich schalig aufgebaute und radialfaserig struirte Zeolithe in denselben Schliffen wie die Analcime (?) vorkommen. Indessen sind diese so verschieden von den primären analcimähnlichen Gebilden, dass man nur selten bei einem Durchschnitt im Zweifel ist, ob das eine oder das andere vorliegt. Während die einen durch das »Beiseiteschieben« der übrigen Gemengtheile das Vorhandensein einer Krystallisationskraft andeuten, fehlt dies bei den sekundären zeolithischen Gebilden.

Ein Geschiebe von Dahme stimmt in allen Eigenschaften mit dem Geschiebe von Neu-Schobüll überein, ist also ebenfalls auf Gärahus zu beziehen.

Ein Geschiebe von Odense auf Fühnen wird von Eichstädt auf Gärahus bezogen.

Der Basalt von Sösdala (Eichstädt pag. 29) kommt nach Geinitz als Geschiebe bei Mieckenhagen, Satow, Sternberg, Zarrentin vor, nach Klockmann bei Segeberg, Vorsfelde, Eberswalde und Schwerin. Auffallend ist bei der Identitätsbestimmung, dass des Titaneisenglimmer ähnlichen Minerals keine Erwähnung geschieht, das dieses Vorkommen charakterisirt. Wenn Klockmann von Glimmer spricht, ist allerdings möglich, dass er dies Mineral gemeint hat. Glimmer fehlt dem Basalt von Sösdala, soweit ich denselben untersuchen konnte.

Unser Geschiebe von Terkelskov bei Farun auf Seeland gleicht genau dem Gestein von Klingstorp (Eichstädt p. 32).

Eichstädt bestimmte den Klingstorpbasalt in einem Geschiebe von Taarbäck bei Kopenhagen und von Rüdersdorf bei Berlin, ferner in einem von Sjögren auf Helgoland gefundenen Geschiebe.

Mit dem Gestein von Köinge bei Hörby (Eichstädt pag. 33) stimmt ein Geschiebe von Rainville bei Altona genau überein. Ein Stück von Osterlinnet bei Gramm in Nordschleswig ist dem Köingegestein sehr ähnlich. Ebenso ein Geschiebe von Schulau.

Zu dieser Gruppe (Feldspathbasalte mit vitroporphyrischer Struktur) gehört ein dichtes Geschiebe von Lauenburg, das sich von allen schonenschen Basalten so weit entfernt, dass man berechtigt ist, es von einem noch unbekannten Vorkommen herzuleiten.

In dem Geschiebe tritt mikroskopisch nur Olivin als Einsprengling auf, dieser aber recht reichlich. Die Umgrenzungen sind fast nie krystallographisch, die Krystalle erscheinen abgerundet und angefressen. Ein schmaler dunkler Saum hebt sie scharf von der Grundmasse ab, die gleiche opake Substanz markirt alle Sprünge sehr scharf. Die ziemlich grobkörnige Grundmasse besteht aus hellfarbenem Augit, der nie in Krystallformen, sondern in rundlichen und unregelmässigen Körnern auftritt, sowie breiten Plagioklasleisten. Eine isotrope, gelblich graue Basis verkittet die Gemengtheile. Ihre Menge ist in einzelnen Theilen des Schliffs nicht unbedeutend, meist bildet sie aber nicht zusammenhängende Massen, sondern erscheint intersertal eingeklemmt. Als Entglasungsprodukte treten nur Globuliten auf. Wo zusammenhängende Massen des Glases vorkommen, zeigt sich oft Aggregatpolarisation. Magnetit ist auffallend spärlich, er findet sich nur vereinzelt in relativ grossen Körnern und Krystallen. Biotit und Nephelin fehlen ganz.

Das Bild ist so verschieden von dem der aus Schonen bekannt gewordenen, dass wir einen in Schonen noch nicht entdeckten oder am Boden der Ostsee vorhandenen Basalterguss als Heimath ansehen müssen.

D. Mit vitrokrystalliner Porphyrstruktur.

Mit dem Vorkommen von Storaryd (Eichstädt pag. 36) stimmt ein Geschiebe von der Düne bei Helgoland genau überein.

Auf Storahöjern (Eichstädt pag. 37) lassen sich ein Geschiebe von der Düne bei Helgoland und ein solches von Schulau zurückführen. Die Uebereinstimmung mit dem Anstehenden ist eine sehr vollkommene, namentlich was das Vorkommen von farblosen oder nahezu farblosen Parthien von Glas (oder Analcim) innerhalb des dunklen Glases anbetrifft.

Auf Snalen bei Möllby (der Fundort ist bei Eichstädt nicht angegeben und scheint mit Frederiksberg identisch zu sein), bezieht Geinitz zwei Geschiebe von Sternberg, auf Sildhallen bei Häglinge (vielleicht Göbnehall bei Eichstädt) ein Geschiebe von Ludwigslust.

Van Calker bezeichnet Frederiksberg als Heimath eines Geschiebes von Kloosterholt.

Von Höjaböge stammt wahrscheinlich ein von Eichstädt beschriebenes Geschiebe von Alt-Heikendort bei Kiel, ebendaher oder von Gunnarp ein von Sjögren auf Helgoland aufgenommener Basalt.

Den Basalt von Bonarp (Eichstädt pag. 40) will Eichstädt kaum für einen echten Feldspathbasalt ansehen, da nach seiner Ansicht der trikline Feldspath äusserst sparsam vorkommt. Wenn auch in gewöhnlichem Licht kaum Feldspath zu entdecken ist, so kommen doch bei Betrachtung des Schliffs unter gekreuzten Nicols nicht wenige auffallend grosse Feldspathdurchschnitte zum Vorschein. In der Mehrzahl zeigen sie die charakteristische Zwillingsstreifung, die ungestreiften, nahe parallel der M-Fläche liegenden Schnitte sind auffallend breit. So erscheint der Plagioklas hier in der für Basalte sonst ungewöhnlichen Tafelform. Einzelne Plagioklase erreichen an Grösse nahezu den Umfang der Pyroxen- und Olivineinsprenglinge, dass sie trotzdem im gewöhnlichen Licht nicht auffallen, liegt daran, dass sie poikilitisch von Augitkörnchen und -Krystallen, sowie von Magnetit durchwachsen sind. Erst das einheitliche Auslöschen bei der Drehung des Objecttisches verräth das Vorhandensein grösserer Feldspathparthien. Die Umrandung des Feldspaths ist fast nie eine selbstständige. Neben Albitstreifung finden sich vereinzelt dem Periklingesetz folgende Lamellen. Diese auffallende Beschaffenheit des Feldspath scheint sich nur bei Bonarp zu finden, wenigstens ist sie mir in keinem der anderen schonenschen Gesteine begegnet. Uebrigens finden sich bei Bonarp auch Stücke, auf die Eichstädts Beschreibung genau zutrifft, indem ihnen die grossen Feldspathtafeln fehlen.

Ein Stück von Dahme stimmt genau mit dem Bonarpvorkommen, ein solches von Helgoland ist ihm sehr ähnlich.

Martin beschreibt einen bereits von Schröder van der Kolk beschriebenen Findling von Isterberg und hält seine Herkunft von Klingstorp für möglich. Die Beschreibung stimmt so genau mit dem zuerst beschriebenen Bonarpvorkommen überein, dass ich vermuthen möchte, es liegt ein Stück von Bonarp vor. Martin selbst betont an einer Stelle seiner Beschreibung die Uebereinstimmung seines Schliffs mit dem Bonarpgestein in Bezug auf das Vorkommen eines in Schnurform auftretenden grünlichen Minerals. Dem Umstande, dass Eichstädt das Bonarpgestein zu der vitroporphyrischen, Martin sein Geschiebe der vitrokrystallin porphyrischen Gruppe zurechnet, dürfte kein entscheidendes Gewicht bei der Bestimmung beigelegt werden, da beide Strukturformen nicht scharf von einander zu trennen sind. Wie es mehrere schonensche Basalte giebt, die man mit gleichem Recht zur einen wie der anderen Gruppe rechnen dürfte, so werden auch in einem Anstehenden Uebergänge von der einen zur anderen Strukturform vorkommen. Was mich bestimmt, den Basalt von Isterberg auf Bonarp zurückzuführen, ist neben den übrigen Merkmalen die Beschreibung, die Martin von dem Feldspath des Gesteins giebt. Zu der Annahme Martins, dass Orthoklas in dem Geschiebe vorkommt, sei eine Bemerkung gestattet. Bei der ziemlich erheblichen Breite, die die Plagioklaslamellen in den grösseren Krystallen vielfach aufweisen, hat man grosse Chancen einzelne, nahezu parallel der M-Fläche liegende Schnitte zu erhalten, denen die Streifung fehlt. Spaltrisse, an denen die Auslöschungsschiefe sicher bestimmt werden könnte, fehlen, anscheinend in Folge der poikilitischen Struktur. Den von mir untersuchten Präparaten des Klingstorpbasalts fehlen die eigenthümlichen grossen Feldspäthe.

Die Gesteine der Gruppe Anneklef-Allarpsberg-Juskushall Randsliderna (Eichstädt pag. 42—46) sind, soweit meine Kenntniss derselben reicht, besonders schwer von einander zu unterscheiden und dürfte es kaum möglich sein, ein Geschiebe einem dieser Fundorte bestimmt zuzutheilen. Eichstädt rechnet sie zu der Gruppe mit farbloser Basis, bemerkt aber selbst, dass Zirkel einen Basalt von Anneklef untersuchte (Basaltgesteine S. 136), dessen Basis braun gefärbt war. In dem Allarpsberggestein finden sich nach Eichstädts Angaben Parthien von braunem Glase in dem in der Hauptmasse farblosen Glase. Unter mehreren im Anstehenden geschlagenen Handstücken von Anneklef des Hamburger Naturhistorischen Museums finden sich zwei, die ganz braune Basis enthalten und so dem von Zirkel untersuchten Stück nahe stehen, wenn ihnen auch die besonders schön ausgebildeten Trichiten fehlen und die Entglasung mehr globulitisch ist. Im Uebrigen gleichen auch diese Schliffe ganz den farblose Basis enthaltenden.

Das mir vorliegende Material von Allarpsberg zeigte die dunkle Basis in wolkigen Parthien oder Schnüren die farblose Basis durchziehend, und sind demgemäss die Geschiebe, in denen dunkle Basis in solcher Ausbildungsweise auftrat, diesem Fundorte zugerechnet, obgleich sehr wahrscheinlich sein dürfte, da sich bei Anneklef Stücke mit ganz farbloser und solche mit ganz brauner Basis finden, dass sich dort auch Uebergänge zwischen beiden Ausbildungsformen auftreiben liessen, die dann also dem Allarpsberggestein gleichen würden.

Aehnlich steht es mit dem Vorkommen von Juskushall. Ein mir zur Verfügung gestellter Schliff von dort zeigt bei gleicher Zusammensetzung mit dem Anneklefgestein ein etwas anderes Bild, so dass von einer absoluten Identität nicht gesprochen werden kann, doch sind die Unterschiede, die Korngrösse, Umrisse der Krystalle, Basismenge betreffend, so schwebend, dass sie sich nicht in Worte fassen lassen.

Wenn also in Nachstehendem ein Geschiebe Anneklef zugetheilt wird, so bedeutet das, dass es mit einem meiner Anneklefschliffe vollständige oder fast vollständige Uebereinstimmung zeigte, es kann aber, wie gesagt, auch z. B. von Juskushall stammen.

Geschiebe von Kekenis, von Vastorf bei Lüneburg, von Steinbek, von Schulau, von Eidelstedt bei Hamburg, stimmen genau mit dem einen oder anderen der von Anneklef stammenden Stücke überein, Geschiebe von Neuschobüll bei Apenrade, von

Kiel, von Hamburg, nähern sich ebenso sehr einem Vergleichsstück von Juskushall, wie dem Anneklefgestein, ein Stück vom Rothen Kliff auf Sylt (1) steht dem Anneklefgestein sehr nahe, enthält aber ganz spärlich dunklen Glimmer, eins von Bahrenfeld bei Hamburg und ein solches von Winterhude bei Hamburg gleichen vollständig einem Schliff von Allarpsberg, während Stücke von Lüneburg und von Wittenbergen demselben Gestein sehr nahe stehen. Das von Lüneburg stammende Geschiebe ist etwas grobkörniger, als das Vergleichsstück, auch sind die Glasparthien etwas grösser und demgemäss die Entglasungsprodukte zu grösserer Vollkommenheit und Schönheit gelangt. Doch darf dieser Umstand nicht gegen eine Identifikation sprechen; so führt auch Eichstädt ein Geschiebe von Korsör, das die gleiche Abweichung zeigt, unbedenklich auf Allarpsberg zurück.

Nahe verwandt mit dieser Gruppe ist das Gestein von Rallate, (Eichstädt pag. 45) von dem Eichstädt angiebt, dass es ganz feldspathfrei ist. Ein im Hamburger Museum befindliches Stück von dort ist nicht feldspathfrei, sondern nur relativ arm an diesem Mineral und giebt somit Eichstädt Recht, dass er das genannte Vorkommen nicht zu den Glasbasalten rechnet, sondern den Feldspathbasalten anreiht.

Ein Geschiebe von Rainville bei Altona ist feldspathfrei, hat in der farblosen Basis Schnüre und Wolken von dunklerem Glase und stellt demnach eine feldspathfreie Modifikation des Allarpsberggesteins dar, oder stammt von Rallate.

Ein Geschiebe vom Rothen Kliff auf Sylt (2), (unterer Geschiebemergel) enthält Feldspath als Einsprengling, wenn auch nur einzeln. Der grosse Krystall ist glashell, hat lappige Basiseinschlüsse von dunkler Farbe, ist schlecht begrenzt und umschliesst am Rande einzelne Augitkörner. Er zeigt keine Zwillingsstreifung, doch lässt er sich als Oligoklas bestimmen, der nach der M-Fläche durchschnitten wurde. Die Auslöschungsrichtung liegt sehr nahe parallel den scharfen Basisspaltrissen, eine Bisectrix tritt etwas schief wie bei Oligoklas aus. Augit kommt in wohlbegrenzten recht grossen Einsprenglingen vor, er ist sehr einschlussreich, namentlich im Centrum der Durchschnitte häufen sich Magnetitkörnchen und lappige Glaseinschlüsse. Augitformen mit Magnetitfüllung, wie sie als Produkte magmatischer Resorption gedeutet zu werden pflegen, sind vielfach vorhanden. Diesen Einsprenglingen tritt eine grösstentheils aus Plagioklasleisten bestehende Grundmasse gegenüber. Die Dimensionen derselben betragen 0,1—0,2 mm in der Längsrichtung, einzelne sind recht breit, bis zur Hälfte ihrer Länge. Quadratische Schritte von 0,05 mm Seitenlänge sind häufig. Fluidalstruktur ist ausgezeichnet entwickelt. Der Augit der Grundmasse tritt in Form langer, wohlbegrenzter Leisten und kurzer Säulen, auch unregelmässig begrenzter Körner auf. Eine an sich farblose, stellenweise durch zahllose Globuliten graubräunlich gefärbte Basis tritt in ziemlicher Menge, doch nirgends in grösseren zusammenhängenden Parthien auf. Besonders charakteristisch sind für dieselbe zierliche Trichitskelette, die an Regelmässigkeit die Gebilde des Lönnebergbasalts noch übertreffen. Die Trichiten sind sammt und sonders gerade, nie gekrümmt, ausnahmslos zu krystallographisch orientirten Skeletten verbunden, so dass überaus zierliche Bilder entstehen. Nirgends eine unregelmässige Verfilzung oder übermässige Anhäufung derselben.

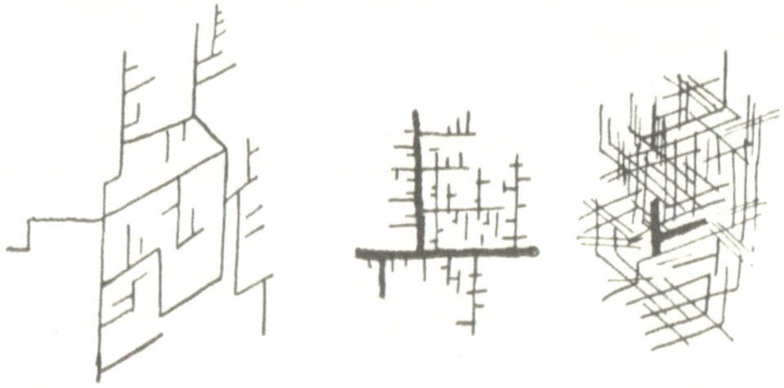

Fig. 4. Trichiten.

Die Trichiten geben dem Gestein sein besonders eigenartiges Gepräge. Die Ausbildung auch der übrigen Gemengtheile ist so verschieden von derjenigen in dem Perstorpbasalt, an den man wegen des eingesprengten Feldspaths denken könnte, dass eine Herleitung des Geschiebes von dort doch seine grossen Bedenken hat. Die Ausbildung der Trichite erinnert so auffallend an die Form, die Zirkel in dem citirten Werk als bei einem Stück von Anneklef vorkommend citirt und beschreibt, dass ich vermuthe, das Geschiebe vom Rothen Kliff stammt von Anneklef. Die Beschaffenheit der anderen Gemengtheile spricht nicht gegen die Vermuthung.

Den Feldspathbasalt von Randsliderna fand Eichstädt in einem Geschiebe von Svendborg auf Fünen wieder, derselbe Autor identifizirt mit dem Anneklefvorkommen ein Geschiebe von Leipzig.

E. Geinitz fand dieses Gestein bei Sternberg, Calker bei Kloosterholt in Grooningen. Nach Schröder van der Kolk soll ein Geschiebe aus den Zwiepschen Bergen in Holland ebendaher stammen. Wenn Martin die Richtigkeit dieser Bestimmung bezweifelt, nur weil die

Korngrösse des Geschiebes und des Vergleichsstücks nicht übereinstimmten, so ist dieser Zweifel nicht begründet. Ich konnte in meinen Schliffen aus dem Anstehenden erhebliche Verschiedenheiten in der Korngrösse konstatiren.

v. Kraatz-Koschlau erwähnt Anneklef-Basalt als Geschiebe bei Halle.

Auf Allarpsberg als Heimath bezieht Eichstädt ein Geschiebe von Korsör, van Calker ein solches von Kloosterholt. Juskushall wird von Eichstädt als Heimath eines bei Warnemünde gefundenen Geschiebes angegeben.

E. Feldspathbasalte mit Intersertalstruktur.

Nach meinen Beobachtungen kann man nicht sagen, dass die sog. Intersertalstruktur in dem Basalt von Syrkhultsjö (Eichstädt pag. 46) in typischer Weise ausgebildet ist. Das Wesen der genannten Struktur besteht doch darin, dass die amorphe Basis nirgends einen zusammenhängenden Grundteig bildet, der die anderen Gemengtheile allseitig umgiebt, sondern in von einander getrennten, meist dreieckigen, durch die krystallinen Bestandtheile des Gesteins von einander abgetrennten Durchschnitten auftritt. Eichstädt bemerkt selbst, und ich konnte dies bestätigen, dass die Glasmasse auch in grösseren zusammenhängenden Flecken vorkommt. Wenn daneben sich zahlreiche eckige Glasparthien finden, so rührt dies von einer sehr ausgeprägten Fluidalstruktur her. Ich würde das Gestein der vorigen Gruppe angereiht haben.

Mit dem Basalt von Syrkhultsjö stimmt ein Geschiebe von Bahrenfeld genau überein.

Eichstädt glaubt nach der Beschreibung zweier Geschiebe von Heegermühle (vergl. Remelé und Zirkel) dieses Vorkommen wiederzuerkennen, ebenso meint er, dass ein Geschiebe von Wellen (H. O. Lang) von Syrkhultsjö stammen kann. Dieses Geschiebe ist aber, wie ich feststellen konnte, ein Diabas.

Nephelinbasalt und -Basanit.

Mit dem Nephelinbasalt von Gellaberg (Eichstädt pag. 48) vergleicht Haas nach der Eichstädtschen Beschreibung ein Geschiebe von Segeberg.

Derselbe Autor bezieht ein Geschiebe von Wilhelminenhöhe auf Hagstad (Eichstädt pag. 51). Dem Nephelinbasalt von Hagstad ähnlich ist ein Geschiebe von Wellen (No. 61 bei H. O. Lang), das Eichstädt in Folge der unzutreffenden Beschreibung Langs auf Långstorp beziehen will. Während farblose Basis, die Lang beobachtet haben will, ganz fehlt, ist braune Glasbasis, wenn auch nirgends in grösseren Flecken vorhanden, doch deutlich erkennbar. Recht reichlich findet sich aber Nephelin in diesem Gestein. Wenn auch allseitig selbstständige Kontouren nur vereinzelt vorhanden sind, ist doch an dem Vorhandensein dieses Minerals, das Lang trotz seiner deutlichen Polarisation für Glas angesehen zu haben scheint, nicht zu zweifeln. Das Auftreten dieses, oft mit Massen von Augiten durchspickten Minerals, ist z. Theil ähnlich dem in einem sogleich zu beschreibenden Geschiebe von Wittenbergen, so dass das Geschiebe von Wellen ein Bindeglied zwischen dem Geschiebe von Wittenbergen und dem Anstehenden von Hagstad darzustellen scheint.

Manche Eigenthümlichkeiten des Geschiebes, besonders die stellenweise intensive Dunkelheit der Glasbasis und das starke Vorherrschen der krystallinen Bestandtheile nähern das Stück von Wellen auch dem Lillövorkommen. Jedenfalls liegt in demselben ein schonenscher Nephelinbasalt mit brauner Basis vor.

Mit dem Hagstadgestein (Eichstädt pag. 51) stimmt, wie gesagt, ein Geschiebe aus dem Decksand von Wittenbergen bei Blankenese in manchen Hinsichten überein, zeigt aber andererseits nicht unerhebliche Abweichungen. Die Grundmasse gleicht in dem Mengenverhältniss von Augit und Glas, sowie in der Farbe, Form und Grösse des Augits vollkommen der des genannten Vorkommens, auch ist die Art der Entglasung ganz die gleiche. Unterschiede zeigen sich in den Einsprenglingen. Während das Hagstadgestein, wie Eichstädt angiebt und ich bestätigen konnte, Olivin nur in geringer Menge und Augit fast garnicht als Einsprengling enthält, sind beide Mineralien in dem Geschiebe in reichlicher Menge mikroporphyrisch eingesprengt. Besonders bemerkenswerth aber ist das Auftreten relativ grosser Nepheline in der ungefähren Grösse der anderen Einsprenglinge mittlerer Grösse. Es finden sich Quadrate von ca. 0,1 mm Seitenlänge, Rechtecke von 0,3 bis 0,1 mm Seitenlänge, Sechsecke bis zu 0,2 mm Durchmesser, die diesem Mineral zuzurechnen sind. Die Durchschnitte sind sehr auffallend, die Nephelinsubstanz ist absolut wasserklar und hebt sich so scharf von dem dunkelbraunen Glase ab, als ob Löcher in dem Glase wären und erst die Beobachtung mit gekreuzten Nicols zeigt das Vorhandensein des Nephelins mit seinen eigenthümlichen Polarisationsfarben. Die Begrenzung ist im Allgemeinen gut, z. Theil vorzüglich, so dass die parallele Auslöschung sich mit wünschenswerther

Schärfe feststellen lässt. Die wasserklaren Durchschnitte sind, z. Th. reichlich, mit kleinen rundlichen Augitkörnchen und Magnetiten durchspickt, die indessen an Menge niemals die Menge der Nephelinsubstanz erreichen. Wenn auch diese Nephelinkrystalle nicht sehr häufig sind, so sind sie doch recht gleichmässig vertheilt und bestimmt als wesentlicher Gemengtheil zu bezeichnen. Die kleinen Nepheline der Grundmasse, die den Hagstadbasalt auszeichnen, deren Grösse nur $^1/_{10}$ bis $^1/_5$ der in unserem Geschiebe vorkommenden erreicht, fehlen gänzlich. Man kann daher das überaus charakteristische Geschiebe nicht mit absoluter Sicherheit auf Hagstad zurückführen. Wenn ich es trotzdem als wahrscheinlich von dort stammend bezeichne, so geschieht dies deshalb, weil es von dem Gestein von Gellaberg, das sonst zum Vergleich herangezogen werden könnte, noch weiter verschieden ist, als von dem Hagstadgestein, von dem nur das Mengen- und Grössenverhältniss der Gemengtheile, nicht aber die Beschaffenheit derselben es unterscheiden.

Von Lillö[1]) hatte ich ausser den aus Lund und Stockholm erhaltenen Stücken, die der Eichstädtschen Beschreibung genau entsprechen, ein von Gottsche gesammeltes, dessen Zugehörigkeit zu dem von Eichstädt beschriebenen Vorkommen nicht zu verkennen ist, das aber dennoch einige abweichenden Eigenschaften zeigt. Ganz übereinstimmend ist in beiden Stücken das überaus feine Korn des Gesteins, die Form der kleinen Augitkryställchen der Grundmasse und die Beschaffenheit der Einsprenglinge. Die Glasbasis indessen ist in dem von Gottsche gesammelten Stück nicht dunkel und wenig durchscheinend, sondern ein hellgraugelbes, fast farbloses Glas, das nur an einzelnen Stellen, die wie Wolken oder gekrümmte Schnüre das Gesteinsgewebe durchziehen, dunkler erscheint, nie aber eine so dunkle Farbe zeigt, dass man sie mit Eichstädt als wenig durchscheinend bezeichnen könnte. Ausserdem zeigt sich in der Ausbildung des Nephelins eine Abweichung in sofern, als bei dem Eichstädtschen Stück der Nephelin recht gut begrenzt und an vielen Stellen des Schliffs deutlich erkennbar ist, während in dem neu aufgefundenen Stück nur hier und da die Kryställchen so gut begrenzt sind, dass sie sicher erkennbar sind. An den meisten Stellen erräth man das Vorhandensein des Nephelin mehr, als dass er deutlich bestimmbar wäre. Man könnte, ohne sich einer erheblichen Unaufmerksamkeit schuldig zu machen, das Gestein als Glasbasalt bestimmen, wenn man nicht durch den Vergleich mit dem

[1]) Eichstädt pag. 51.

nephelinreicheren Eichstädtschen Stück auf das Vorhandensein dieses Minerals aufmerksam gemacht worden ist.

Ausserdem enthält das Hamburger Stück Feldspath. Zwar ist dieser nicht gleichmässig vertheilt. Hin und wieder durchziehen breite Schnüre, vollkommen farblos und nur mit wenigen dunkleren Interpositionen, unter denen dunkler Glimmer erkennbar ist, versehen, das mikrokrystalline Grundgewebe. Bei gekreuzten Nicols erweisen sich die Schnüre als aus ziemlich breiten Plagioklaslamellen, die in eine nephelinähnlich polarisirende Masse eingebettet sind, bestehend. Unten den Einsprenglingen herrscht Olivin weitaus vor, Augit findet sich seltener in grösseren Krystallen. Bemerkenswerth ist bei dem Augit, dass er an mehreren Stellen in rundlichen Gruppen auftritt, die sich dadurch von der Grundmasse abheben, dass sie ganz und gar aus Augit in kleinen, doch den Grundmassenaugit an Grösse wesentlich übertreffenden Krystallen mit etwas Basis und Nephelinitoid bestehen. Namentlich das gänzliche oder fast gänzliche Fehlen des Magnetit in diesen Aggregaten hebt sie deutlich aus ihrer Umgebung heraus. Dafür sind sie von einem losen Kranz von Erzkörnchen umgeben, der sie deutlich von der Grundmasse abgrenzt. Man hat den Eindruck, hier die Resultate von magmatischen Resorptionserscheinungen vor sich zu haben.

Das Gleiche ist bei einem grossen Olivineinsprengling der Fall. Der ganz unregelmässig begrenzte, die Gestalt einer Fusssohle besitzende Krystall ist in seinem Innern vollkommen frisch und einschlussfrei, nur mit einigen wenigen Spaltrissen versehen. Umgeben ist er von einer doppelten Zone. Die innere zeigt Zapfen und lappige Parthien von Olivinsubstanz, durchdrungen von einer gelbbraunen Masse, die äussere Zone besteht ganz aus dieser letzteren, ist aber durchspickt mit zahlreichen kleinen Magnetiten, deren Menge aber nicht entfernt an die dichten Massen heranreicht, die man als Umrandungen magmatisch corrodirter Augite anzutreffen pflegt. Die Zonen zeigen Aggregatpolarisation, die innere lebhafter als die äussere. Der Brechungsquotient der äusseren Zone ist wesentlich niedriger als der des Olivin, so dass letzterer mit hohem Relief aus den umrandenden Substanzen heraustritt. Das ganze Gebilde ist scharf von der Grundmasse des Gesteins abgegrenzt, letztere zeigt sich in der Umgebung besonders feinkörnig ausgebildet. Es handelt sich hier zweifellos nicht um eine Zersetzungserscheinung, sondern um einen magmatischen Resorptionsvorgang, der meines Wissens an Olivin bisher nicht bekannt geworden ist.

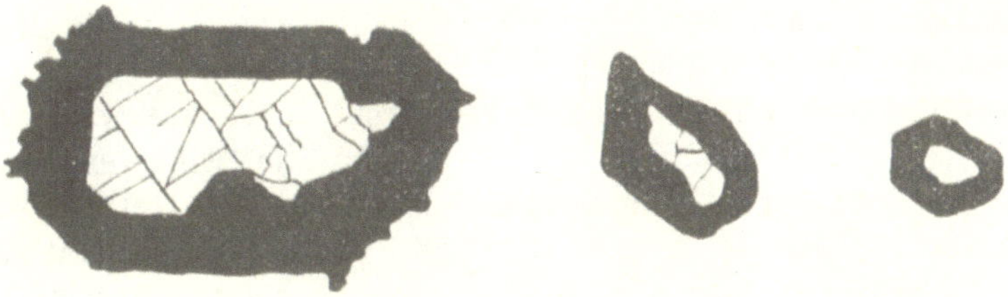

Fig. 5. Chromit?

Unter den Einsprenglingen kommt vereinzelt noch ein eigenthümliches, nicht sicher bestimmbares Mineral vor, das vorstehend skizzirt ist. Die Durchschnitte erscheinen unregelmässig begrenzt, einmal achtseitig mit abgerundeten Ecken. Der Rand ist absolut opak, das Zentrum dunkelkaffeebraun. Eine rohe, aber deutliche Spaltbarkeit in zwei auf einander senkrechten Richtungen ist vorhanden. Man könnte an Chromit denken. Zwar scheint Spaltbarkeit nach dem Würfel bei diesem Mineral noch nicht beobachtet, doch mag das daran liegen, dass bisher grössere Einsprenglinge dieses Minerals noch nicht beobachtet wurden.

Dasselbe Mineral findet sich in einem Limburgit von Schulau.

Ein Geschiebe von Bahrenfeld ist dem eben beschriebenen sehr ähnlich. Doch sind die Nepheline noch weniger deutlich. Ein Olivinkrystall mit Resorptionserscheinungen findet sich auch hier.

Auf Lillö bezieht Eichstädt zwei Geschiebe von Lesum bei Bremen.

Van Calker fand in einem Geschiebe von Kloosterholt gewisse Beziehungen zu dem Gestein von Lillö, ohne indessen die Herkunft von dort mit Bestimmtheit behaupten zu können.

Bosjökloster. Eichstädt pag. 52. Mit diesem Vorkommen stimmt eine grössere Anzahl von Geschieben in mancher Hinsicht überein. Ein Theil der hier beschriebenen und vorläufig auf Bosjökloster bezogenen Geschiebe hat allerdings makroskopisch ein von dem Anstehenden ziemlich verschiedenes Aussehen, doch lässt die mikroskopische Untersuchung die Zugehörigkeit vermuthen. Besonders liegt die Abweichung in dem grossen Reichthum an makroskopischen, z. T. sehr grossen Einsprenglingen von Olivin und Augit, die einen ganz auffallenden von dem gewöhnlichen Habitus der dichten Basalte verschiedenen Anblick hervorrufen.

Es handelt sich um drei Geschiebe von Schulau (1, 2, 3), eins von Bahrenfeld bei Altona, eins von Lauenburg, eins von Ziegelei Thonberg bei Kiel (unterer Geschiebemergel), eins von Alt-Heikendorf bei Kiel und fünf vom Brothener Ufer bei Travemünde (1, 2, 3, 4, 5).

Schulau (3) hat das gewöhnliche dichte Aussehen der Basalte, nur einzelne Olivine treten deutlich erkennbar hervor. In den andern ist der Reichthum an Einsprenglingen gross; bald überwiegt Augit, bald Olivin. Bei Schulau (1) übertreffen die Einsprenglinge an Menge die Grundmasse. In dem Geschiebe von Alt-Heikendorf sind die Augite und Olivine, erstere mit schön glänzenden Krystallflächen, durch Verwitterung hoch aus der Grundmasse herauspräparirt.

Ein Stück vom Brothener Ufer (4) enthält grosse mit Zeolithen erfüllte Mandeln, es ist dies der einzige echt basaltische Mandelstein unter unsern Geschieben. Zu bemerken ist noch, dass die Olivine bald ölgrün, fettglänzend, bald roth mit Fettglanz, bald rostbraun, matt erscheinen.

Ich betrachte als identisch die »Nephelinbasalte mit doleritischem Habitus«, die Geinitz von Sternberg, Zarrentin und Rothenmoor beschreibt.

Mikroskopisch zeigen die feldspatharmen Geschiebe zum Theil eine recht vollkommene Identität mit dem Anstehenden, wenn wir von der Anreicherung an Einsprenglingen absehen. Einige sind in der Struktur etwas gröber und nehmen fast einen granitischen Habitus an. Die Nepheline treten hier ausgezeichnet deutlich hervor, indem sie trotz des holokrystallinen Gefüges sich guter Begrenzungen erfreuen. Bei allen diesen feldspathärmeren Geschieben ist der Nephelin deutlicher krystallisirt als in dem Anstehenden.

Mit Zunahme des Feldspathgehalts, der in einigen Geschieben recht spärlich ist, scheint die Neigung des Nephelins zu selbstständiger Umgrenzung abzunehmen. Wenn auch im Originalvorkommen Feldspath meist eine untergeordnete Rolle spielt, müssen doch wohl diese feldspathreicheren Gesteine, da sie durch Uebergänge mit den feldspathärmeren verbunden sind, hierher gerechnet werden.

Wir haben in der Gesammtheit unserer Geschiebe ein recht gutes Bild von der Variabilität der Basaltmagmen. Bei Gemeinsamkeit der Zusammensetzung und Struktur doch eine ganze Reihe von Abweichungen, die recht verschiedene Bilder ergeben und doch nicht zu einer Trennung berechtigen.

Als weitere bemerkenswerthe Eigenthümlichkeiten seien noch Folgende aufgezählt:

Schulau (3), obgleich in seinem Gesammthabitus dem Bosjöklostergestein ähnlich, hat keinen Gehalt an Biotit, der sich sonst stets, wenn auch ungleich vertheilt, findet.

In Schulau (2) findet sich eine einheitlich auslöschende Nephelinparthie von 1,5 cm Durchmesser, die mit den anderen Gemengtheilen durchspickt ist.

In Brothener Ufer (1) findet sich ein grosser Plagioklaseinsprengling mit geknickten Lamellen, wie sie als Anzeichen von Schiebungen im Gestein angesehen zu werden pflegen.

In Brothener Ufer (3) findet sich ein Durchschnitt von primärer, stark pleochroitischer Hornblende, nahezu senkrecht zur c-Achse getroffen. Der Pleochroismus wechselt zwischen hell und dunkelbraun mit Stich ins grünliche. Für schwedische Basalte ist dies Vorkommen neu.

Die rostbraune Farbe der Olivine rührt von der Zersetzung her, bei der der Krystall in breite Lamellen zerfällt. Wenn auch durch den nicht unbedeutenden Pleochroismus eine gewisse Aehnlichkeit mit Biotit hervorgerufen wird, liegt doch dies Mineral nicht vor.

Ausser den bereits erwähnten doleritischen Geschieben, die Geinitz beschreibt, und die Eichstädt auf Bosjökloster bezieht, wird von Geinitz ein genau mit Bosjökloster übereinstimmendes Geschiebe von Sternberg erwähnt.

Eichstädt bezieht ferner auf diesen Fundort ein Geschiebe von Lesum bei Bremen. Haas leitet neun Geschiebe aus Schleswig-Holstein von Bosjökloster her.

Die grosse Anzahl von Stücken, die auf dieses Anstehende hinweisen, verdient besonders beachtet zu werden. Will man wegen der in vielen Fällen immerhin nicht unbeträchtlichen Abweichungen die Herleitung von Bosjökloster nicht zulassen, so wird man an einen »Ostseebasalt« denken müssen.

Leucitbasanit.

In einem Geschiebe von K n u d s h o v e d bei H a d e r s l e b e n findet sich zwar kein Krystalldurchschnitt, der unzweifelhaft als Leucit gedeutet werden könnte. Indessen sind Durchschnitte vorhanden, die doch die Vermuthung berechtigen, dass Leucit vorliegt. Aber abgesehen davon ist die Uebereinstimmung mit einem Originalschliff von S a n d å k r a so vollkommen, dass an der Herkunft von dort nicht zu zweifeln ist. Das Gestein zeigt eine so eigenthümliche Struktur, die sich bei keinem andern der schwedischen Basalte wiederfindet, dass trotz des zweifelhaften Leucitgehalts das Geschiebe nur von dort stammen kann. Eichstädt bemerkt auch, dass der Leucitgehalt nicht überall gleichmässig bemerkbar ist. Nephelin, der dem Leucitbasanit als accessorischer Gemengtheil eigenthümlich ist, ist deutlich, doch nur vereinzelt bestimmbar.

Limburgit.

(Glasbasalt Eichstädts).

Limburgite mit braunem Glase wurden als anstehend vorkommend bisher nicht beschrieben. Gottsche sammelte bei Lillö ein solches Stück, das gänzlich von dem Nephelinbasalt desselben Fundorts abweicht und nach seiner petrographischen Beschaffenheit nur als Limburgit bezeichnet werden kann. Das Vorkommen überrascht weniger, wenn man sich erinnert, dass zuweilen eine ausserordentliche Verschiedenheit in der Ausbildungsform des Gesteins einer und derselben Kuppe beobachtet wird, mögen nun verschiedene Ströme oder verschiedene Zusammensetzung desselben Ergusses vorhanden sein.

Ich weise nur darauf hin, dass bei Anneklef, wo die Hauptmasse der Kuppe aus einem Feldspathbasalt mit farbloser Glasbasis besteht, ein Theil des Gesteins braune Glasbasis zeigt. Bei Juskushall konnte Eichstädt von der Südwestseite des Berges ein Stück schlagen, das von der Hauptmasse gänzlich verschieden ist, und dem Gestein von Storaryd gleicht.

Unser Stück von Lillö ist dem Hagstadgestein ähnlich, insofern als es reichlich braune Glasbasis enthält und auch in der scharfen Begrenzung und dem Habitus der Einsprenglinge viele Beziehungen zu demselben zeigt. Namentlich mit einem Geschiebe von Wittenbergen (s. o. pag. 30) stimmt es nahe überein, so dass man dieses wohl, statt auf Hagstad, auf Lillö beziehen könnte.

Nephelin fehlt dem Limburgit von Lillö gänzlich. Reichlich enthält die Glasbasis weissliche bis gelblichweisse, staubig getrübte, rundliche oder unregelmässig begrenzte, isotrope Einschlüsse von der Art, wie sie auch in anderen schwedischen Basalten vorkommen. Einzelne, mit aggregatpolarisirender Substanz erfüllte Durchschnitte können vielleicht von Nephelin herstammen, wenigstens sprechen die Umrisse nicht dagegen. Doch kann das Vorkommen von Nephelin nicht bestimmt behauptet werden.[1])

Ein Geschiebe aus dem Decksand von Wittenbergen bei Blankenese stellt eine Ausbildungsform dar, die sich mit keiner der Eichstädtschen Typen und auch mit dem eben beschriebenen Limburgit in so nahe Beziehung bringen lässt, als dass man seine Herkunft von einem der schonenschen Vorkommnisse mit Sicherheit

[1]) Es zeigt sich hier wieder der Uebelstand, dass es oft unmöglich ist, allein auf Grund des mikroskopischen Befundes ein Gestein richtig zu klassifizieren. So lange aber weitere Aufschlüsse fehlen, muss das Gestein Limburgit genannt werden.

aussprechen könnte. Die aus kleinen, im Allgemeinen gut krystallographisch begrenzten Augitkrystallen und braunem Glase bestehende Grundmasse umschliesst neben den gewöhnlichen Einsprenglingen grössere unregelmässig begrenzte farblose Parthien von sogenanntem Nephelinitoid, jener in den Basalten so häufigen Substanz, die durch ihre Polarisationserscheinungen, Interpositionen, Verhalten zu Salzsäure an Nephelin erinnert, ohne dass sich bei dem Mangel an Krystallumrissen die Identität mit diesem Mineral sicher feststellen liesse. Ganz vereinzelt finden sich kleinere solche Massen, die, allerdings nur andeutungsweise, selbstständige Konturen zu besitzen scheinen und als Nephelin angesprochen werden könnten. Neben langen farblosen Nadeln umschliesst der Nephelinitoid oft Augitkrystalle, wie sie in der Grundmasse vorkommen. Unter den Einsprenglingen übertrifft der farblose Olivin den Augit weitaus. Bemerkenswerth sind seine durchweg vorzüglich scharfen Umgrenzungslinien und seine auffallende Reinheit. Einschlüsse fehlen fast gänzlich. Zersetzungserscheinungen zeigen sich nur darin, dass an den Rissen schmale Zonen eines faserigen Aggregats angesetzt sind. Wie schon bemerkt, sind die Augitkryställchen der Grundmasse fast ausnahmslos recht gut begrenzt, zeigen sich als Säulchen mit pinakoidalen oder domatischen Endigungen, während Körner fast ganz zu fehlen scheinen. Sie sind sehr oft polysynthetisch verzwillingt. In dichtem Gewebe schliessen sie sich aneinander; die in der Farbe ihnen gleichende Basis ist nur dort deutlich erkennbar, wo sie etwas weiter auseinander liegen. Die Glasbasis, gleich den Augiten bräunlich grau, nicht rein braun erscheinend, ist an den Stellen, wo sie sich in geringer Menge der Zwischenklemmungsmasse findet, globulitisch entglast, wo sie etwas grössere Flecken bildet, lässt sich ein dichter Filz von Härchen und Borsten erkennen. Der Magnetit durchsetzt das Gestein in nicht allzureichlicher Menge, er ist gleichmässig vertheilt und bildet ziemlich gleichmässig grosse Krystalle und Körner. Feldspath fehlt vollständig.

Unter den bisher beschriebenen Geschieben findet sich keines, das sich bestimmt diesem Geschiebe an die Seite stellen liesse. Vielleicht zeigt der Glasbasalt mit braunem Glas von Vries, Drenthe, den Schröder van der Kolk und Martin beschreiben, Verwandtschaft mit dem vorliegenden Gestein, doch wird dort kein Nephelinitoid erwähnt.

Drei Geschiebe, von Lauenburg a. d. Elbe, von Höruphaff und eins von Schulau, lassen sich, wie das eine Geschiebe von Wittenbergen nicht mit schonenschen Vorkommnissen in Uebereinstimmung bringen.

In dem Stück von Lauenburg erscheinen zahlreiche Einsprenglinge von Augit und Olivin, deren Dimensionen nur selten 0,5 mm übertreffen. Die Grenzen sind oft scharf, indessen fast nie rundum vollständig vorhanden, an einzelnen Stellen erscheinen sie wie abgebrochen oder angefressen, ein immerhin ziemlich auffallendes Merkmal. Sie sind stets sehr rein; an Einschlüssen kommen Spinellide und Glaseier vor; die sonst so häufigen lappigen Glaseinschlüsse fehlen. Der Olivin ist in der Farbe dem Augit sehr ähnlich, sehr hell graubraun. Der sonst so häufige ölgrüne oder gelbliche Ton fehlt. Zersetzungserscheinungen beim Olivin fehlen in der Regel. Die Auslöschung einzelner Durchschnitte ist ungleich, bei gekreuzten Nicols zerfällt der Krystallschnitt in verschieden auslöschende, in der Regel ganz unregelmässig gegen einander begrenzte Felder. Ein bestimmtes Zwillingsgesetz war nicht erkennbar. Dies Verhalten konnte ich in keinem der schwedischen Originalschliffe beobachten. Es charakterisirt dieses Geschiebe ganz besonders. Der Augit ist wenig dunkler als Olivin, ab und zu zeigen die Durchschnitte sich als Pseudoindividuen, indem die Schnitte verschiedene Auslöschung, bei ganz unregelmässigem Verlauf der Verwachsungsgrenzen, zeigen. Von dem Olivin ist er durch die Spaltrisse leicht unterscheidbar.

Die Einsprenglinge des Augit lassen sich ihrer Grösse nach nicht scharf von den Augiten der Grundmasse trennen. Alle Uebergänge zwischen den grössten Einsprenglingen und kleinsten Mikrolithen sind vorhanden.

Die kleineren Krystalle sind meist vorzüglich scharf begrenzt, sehr oft nach dem Orthopinakoid polysynthetisch verzwillingt.

Feldspath fehlt ganz. Tiefbraune Glasbasis mit zahlreichen Globuliten und Trichiten verkittet die Gemengtheile. Nur selten bilden die Härchen und Borsten regelmässige Gitter, gewöhnlich erscheinen sie regellos verfilzt. Der Wechsel glasreicher, durch die Menge der Ausscheidungen ganz dunkel erscheinender Parthien mit anderen, in denen der graubraune Augit vorherrscht, giebt den Schliffen ein eigenthümlich geflecktes und wolkiges Aussehen.

Meist in Verbindung mit den grösseren Glasparthien treten eigenartige Skelettbildungen eines farblosen Minerals auf, sie sind die unterscheidende Eigenthümlichkeit dieses Gesteins. Kleine Stäbchen, an den Enden schwalbenschwanzartig ausgeschnitten, gerade abgeschnitten oder keulig verdickt, liegen, durch Glasbasis getrennt, parallel neben einander. Solche aus den farblosen Mikrolithen gebildeten Parthien sind unregelmässig begrenzt, verlaufen allmählich in reine Glasmasse. Ihre Dimensionen sind durchschnittlich ca. 0,2 mm, auf die einzelnen farblosen Mikrolithen entfällt nur eine Länge von ca. 0,03 mm. Stets löschen aber die Mikrolithen über die ganze Parthie einheitlich aus. Man kann also vermuthen, dass die Mikrolithen nicht selbstständig sind, sondern Theile eines grösseren Mineraldurchschnitts sind, der von Glasbasisstreifen regelmässig durchwachsen ist. Die Auslöschung erfolgt parallel der Hauptausdehnungsrichtung. Die Polarisationsfarben und das geringe Brechungsvermögen lassen bei diesem farblosen Mineral an Nephelin denken, doch ist die Bestimmung bei der geringen Grösse naturgemäss unsicher.

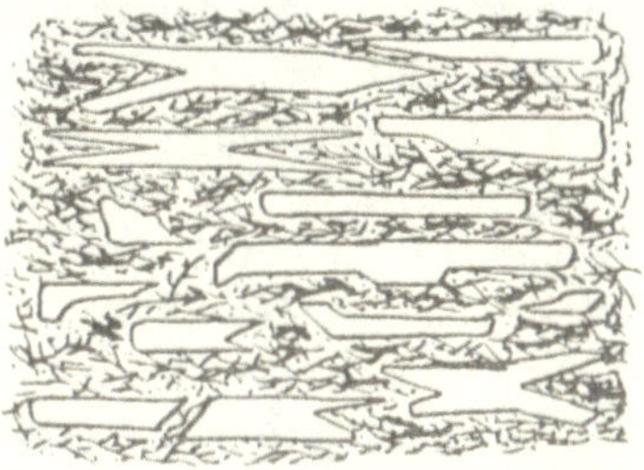

Beistehende Skizze — bei starker Vergrösserung entworfen — soll versuchen, ein Bild der Aggregate zu geben.

In dem Geschiebe von Schulau ist die Begrenzung der Einsprenglinge besser als in dem Lauenburger. Die Nephelin(?)skelette sind hier besonders reichlich entwickelt. Bemerkenswerth ist ein Einsprengling, 0,4 mm lang und 0,2 mm breit, desselben unbestimmbaren Minerals, das sich bei Lillö findet. (Siehe die dort gegebene Abbildung pag. 33).

Die Begrenzung ist unregelmässig, deutet achtseitigen Umriss an. Die rohen Spaltrisse stehen senkrecht auf einander. Die Farbe ist sehr tief kaffeebraun in der Mitte, der Rand absolut opak. Die Grenzen des opaken Randes gegen die Mitte sind nicht scharf. Das Mineral ist isotrop. Auch mit dem Bertrandschen Okular ist keine Doppelbrechung nachweisbar. Der Brechungsquotient ist sehr hoch.

Dasselbe Mineral findet sich in einem weiter unten zu besprechenden Geschiebe.

Dieselben Nephelin(?)skelette wie in den beiden eben besprochenen Geschieben finden sich in einem Stück von Höruphaff.

Doch zeigt dies Gestein einige Besonderheiten. So sind die Olivin- und Augiteinsprenglinge, namentlich die letzteren, viel besser krystallographisch begrenzt, die Augite sogar vorzüglich scharf.

Zwillingsbildungen am Olivin wurden nicht beobachtet, am Augit seltener als im Geschiebe von Lauenburg. Ferner ist der Gegensatz zwischen den Augiten der Grundmasse und denen der Einsprenglinge sehr scharf ausgeprägt, indem vermittelnde Grössen nicht oder spärlich vorhanden sind. Die Entglasungsprodukte sind feiner als bei vorigem Geschiebe, erst bei sehr starken Vergrösserungen lassen sich die Trichiten deutlich wahrnehmen.

Die farblosen (Glas oder Analcim) Einschlüsse, deren schon Erwähnung geschah (bei Besprechung des Gärahusbasalts), finden sich hier wieder, ebenso in dem Stück von Schulau.

Die Geschiebe von Höruphaff, Schulau und Lauenburg sind vorläufig als Glasbasalte mit braunem Glas zu bezeichnen, da der in den Skelettformen auftretende Bestandtheil, wenn auch ganz regelmässig auftretend, doch nur einen geringeren Theil der ganzen Gesteinsmasse ausmacht, auch nicht sicher bestimmt ist.

Sehr wahrscheinlich scheint es mir, dass ein Geschiebe von Roeskilde (Eichstädt, Erratiska Basaltblock pag. 13) mit den hier beschriebenen Geschieben verwandt ist. Eichstädt bemerkt bei Beschreibung desselben, dass dort, wo die staubartigen Globuliten sich zu Nadeln und Borsten zusammenfügen, farbloses Glas durch das Borstengewirre durchzuschimmern scheint. Ich vermuthe fast, dass Eichstädt die Skelettbildungen, die ich dem Nephelin zurechnen möchte, für Glas ansieht. Zwar polarisiren die Skelette das Licht deutlich, doch spricht dies nicht gegen die Identität der Gebilde mit dem Eichstädtschen »Glas«. Eichstädt bezeichnet, wie aus dem Vergleich seiner Originalschliffe mit seiner Beschreibung hervorgeht, vielfach Parthien, die unzweifelhaft Nephelin ähnlich polarisiren, als Glas, das durch Spannungsphänomene doppeltbrechend wurde. Ich bin allerdings, wie schon gesagt, geneigt, mit Geinitz und Klockmann an einem so häufigen Vorkommen doppeltbrechenden Glases zu zweifeln und ziehe es vor, die fraglichen Bestandtheile der Gesteine dem Nephelin, der als letzter zur Festwerdung gelangender Bestandtheil keinen Raum zu selbstständiger Umgrenzung fand, zuzurechnen. Indessen ist diese Frage mit Sicherheit erst durch Sonderanalysen isolirten Materials zu lösen. Darin ist Eichstädt Recht zu geben, dass die Gelatination mit Salzsäure und das Auftreten von Kochsalzwürfeln nicht unbedingt als diagnostisches Mittel zur Bestimmung solcher Parthien als Nephelin verwendbar ist. Mit Salzsäure gelatinirende Gläser sind bekannt; führen solche reichlich Natron, so werden auch sie Kochsalzwürfel liefern. Gegen Eichstädts Annahme, dass Glas vorliegt, spricht nach meiner Ansicht die ungemeine Häufigkeit dieses streitigen Materials. Spannungspolarisation in echten Gläsern gehört sonst doch zu den seltneren Erscheinungen. Zudem wäre es doch auffallend, wenn das farblose Glas so häufig zur Anisotropie neigen sollte, während in den braunen Basaltgläsern diese Erscheinung nicht beobachtet wird.

Ein Geschiebe von Gjerrild bei Grenaa in Jütland ist ein Limburgit mit farblosem Glas.

Olivineinsprenglinge kommen in sehr verschiedenen Dimensionen vor, die kleineren sind völlig serpentinisirt. Augit ist als Einsprengling spärlicher vorhanden. Der Augit der Grundmasse zeichnet sich durch gute Begrenzung aus. Die Glasbasis ist ganz frei von Globuliten und Trichiten, ganz farblos, als einzige Entglasungsprodukte treten farblose, lange und sehr dünne Nadeln auf. Magnetit ist in relativ grossen Krystallen ausgebildet und sehr gleichmässig durch das Gestein vertheilt. Kleine Biotitfetzen treten unregelmässig zerstreut auf.

Ohne absolute Uebereinstimmung zu zeigen, sieht es doch dem Glasbasalt von Långstorp recht ähnlich (Eichstädt pag. 59).

Ein Geschiebe von Wittenbergen ist ziemlich stark zersetzt und hat eine Aggregatpolarisation zeigende Basis, die die Bestimmung erschwert. Doch scheint auch dieses dem Vorkommen von Långstorp zugerechnet werden zu müssen.

Eichstädt leitet ein Geschiebe von Kopenhagen von diesem Fundort her.

Auf Anderstorp (Eichstädt pag. 60) bezieht Eichstädt ein Geschiebe von Alt-Heikendorf bei Kiel und zwei solche von Lesum bei Bremen.

Aehnlichkeit mit einem Vorkommen Vester om Rönne zeigt eins unserer Geschiebe von Lauenburg. Es enthält allerdings das unbestimmbare, vielleicht dem Chromit zuzurechnende Mineral. Die Durchschnitte sind unregelmässig begrenzt, rundlich oder birnförmig. Einmal fand es sich als Einschluss in Olivin. Doch findet es sich so spärlich, dass sein Fehlen in dem von mir untersuchten Schliff aus dem Anstehenden von Rönne nicht unbedingt gegen die Herleitung von dort sprechen darf.

Mit dem Glasbasalt von Stenkilstorp (Eichstädt pag. 60) stimmen Geschiebe von Kuden in Dithmarschen und vom Roten Kliff auf Sylt sehr nahe überein. Zwar ist in diesen Geschieben der Feldspath nicht ganz so spärlich, wie aus der Eichstädtschen Beschreibung hervorgeht, doch hatte ich Vergleichsmaterial, das auch nicht unbedeutende Mengen von Feldspath enthält. Der Reichthum an Glas mit eigenthümlichen Entglasungsprodukten führt mich dazu, die Geschiebe auf Stenkilstorp zu beziehen. Das bereits erwähnte Geschiebe von Schulau welches oben zu Köinge gestellt wurde, bildet einen Uebergang zwischen dem Vorkommen von Köinge und den obigen Geschieben Die drei Geschiebe stellen eine vollkommene Verbindungsreihe zwischen dem Limburgit von Stenkilstorp und dem Basalt von Köinge dar.

Fassen wir die Ergebnisse unserer Untersuchungen an Basaltgeschieben vorläufig zusammen, so ergiebt sich, dass zwar einige Geschiebe nicht mit schonenschen Vorkommnissen identifizirbar sind, dass aber dennoch nicht nothwendig andere Vorkommnisse im Norden vorhanden sein müssen, von denen die nicht identifizirten Geschiebe herzuleiten wären. Die Mehrzahl der Geschiebe, die nicht genau mit schonenschen Basalten übereinstimmen, zeigt doch gewisse Beziehungen zu solchen. Es gilt dies auch von den Limburgiten mit Nephelin(?)skeletten, die ziemlich erheblich von den bisher bekannt gewordenen anstehenden Basalten abweichen, sie können aber Facies der Nephelinbasalte mit braunem Glase sein. Ein einziges Geschiebe von Lauenburg (pag. 23) zeigt keinerlei nähere Verwandtschaft zu den bisher bekannt gewordenen Vorkommnissen.

Ohne den Eichstädtschen Untersuchungen nahe zu treten, kann behauptet werden, dass die schonenschen Basalte noch nicht erschöpfend behandelt sind und dass eine neue, namentlich auf geologische und chemische Beziehungen mehr Rücksicht nehmende Bearbeitung dieser Gesteine sich lohnen dürfte.

Um eine Uebersicht über die bisherigen Resultate zu gewinnen, sind nachstehend die sämmtlichen bisher beschriebenen Basaltgeschiebe zusammengestellt.

Fundort des Geschiebes	Anstehendes: durch Vergleich sicher bestimmt	Anstehendes: durch Vergleich als wahrscheinlich erkannt	Anstehendes: nach Beschreibung angegeben	Autor [1]
Dänemark.				
1. Kattholm		Rallate od. Allarpsberg		P.
2. Gjerrild		Långstorp		P.
3. Kopenhagen	Långstorp			E.
4. Taarbäck	Klingstorp			E.
5. Korsör		Allarpsberg		E.
6. Terkelskov	Klingstorp			P.
7. Odense	Gärahus			E.
8. Svendborg		Randsliderna		E.

[1]) v. C. = van Calker, E. = Eichstädt, G. = Geinitz, H. = Haas, K. = Klockmann, v. K.-K. = von Kraatz-Koschlau, M. = Martin, N. = Neef, P. = Petersen, Pck. = Penck, S. v. K. = Schröder van der Kolk, Sj. = Sjögren.

Fundort des Geschiebes	Anstehendes durch Vergleich sicher bestimmt	durch Vergleich als wahrscheinlich erkannt	nach Beschreibung angegeben	Autor
Schleswig-Holstein und Hamburg.				
9. Österlinnet		Köinge		P.
10. Knudshoved	Sandåkra			P.
11. Neuschobüll	Anneklef od. Juskushall			P.
12. »		Gärahus		P.
13. Sylt		Stenkilstorp		P.
14. »		Anneklef		P.
15. »		Anneklef		P.
16. Kekenis	Anneklef			P.
17. Kiel	Anneklef od. Juskushall			P.
18. Thonberg b. Kiel		Bosjökloster		P.
19. Alt-Heikendorf		Bosjökloster		P.
20. »	Anderstorp			E.
21. »		Högaböje		P.
22. Wilhelminenhöhe			Hagstad	H.
23. Bülk	Snababerg			P.
24. Segeberg			Gellaberg	H.
25. »		Sösdala (?)		K.
26. Dahme		Gärahus		P.
27. »	Bonarp			P.
28. Travemünde	Lönneberg			E.
29. Brothener Ufer		Bosjökloster		P.
30. » »		»		P.
31. » »		»		P.
32. » »		»		P.
33. » »		»		P.
34. Kuden		Stenkilstorp		P.
35. Helgoland	Klingstorp			E. Sj.
36. »		Högaböje od. Gunnarp		E. Sj.
37. »	Storaryd			P.
38. »	Storahöjern			P.
39. »		Bonarp		P.
40. Hamburg		Perstorp		P.
41. »	Anneklef od. Juskushall			P.
42. Winterhude	Allarpsberg			P.
43. Bahrenfeld	Gärahus			P.
44. »		Bosjökloster		P.
45. »	Allarpsberg			P.

Fundort des Geschiebes	Anstehendes durch Vergleich sicher bestimmt	Anstehendes durch Vergleich als wahrscheinlich erkannt	Anstehendes nach Beschreibung angegeben	Autor
46. Bahrenfeld	Syrkhultsjö			P.
47. »		Lillö		P.
48. Wittenbergen		Hagstad		P.
49. »		Långstorp (?)		P.
50. »		Allarpsberg		P.
51. Schulau	Anneklef			P.
52. »		Bosjökloster		P.
53. »		»		P.
54. »		»		P.
55. »	Storahöjern			P.
56. »		Köinge		P.
57. Rainville		Lönneberg		P.
58. »	Rallate od.	Allarpsberg		P.
59. »	Köinge			P.
60. Eidelstedt	Anneklef			P.
61. Steinbek	»			P.
62. Lauenburg		W. om Rönne		P.
63. »		Bosjökloster		P.
64. »	Lönneberg			P.
Mecklenburg.				
65. Schwerin		Sösdala (?)		K.
66. Ludwigslust	Sildhallen			G.
67. Sternberg	Snalen b. Möllby			G.
68. »		Bosjökloster		G.
69. »		Perstorp (?)		G. E.
70. »		Bosjökloster (?)		G. E.
71. »		Anneklef		G.
72. »		Sösdala (?)		G.
73. Zarrentin		Bosjökloster		G. E.
74. »		»		G.
75. »		Sösdala (?)		G.
76. Warnemünde	Juskushall			E.
77. Rostock		Bosjökloster		G. E.
78. Rothenmoor		»		G. E.
79. Mieckenhagen		Sösdala (?)		G.
80. Satow		»		G.
Brandenburg.				
81. Rüdersdorf	Klingstorp			E.
82. Eberswalde	Sandåkra			N. E.

Fundort des Geschiebes	Anstehendes: durch Vergleich sicher bestimmt	durch Vergleich als wahrscheinlich erkannt	nach Beschreibung angegeben	Autor
83. Eberswalde		Sösdala (?)		K.
84. Heegermühle			Syrkhultsjö	E. [1])
Sachsen.				
85. Leipzig div. St.... .	Schonen			Pck.
86. » 2 St. . . .	Anneklef			E.
87. Halle				v. K.-K.
88. » div. St........	Schonen			v. K.-K.
Braunschweig.				
89. Vorsfelde		Sösdala (?)		K.
N.-W.-Deutschland.				
90. Lüneburg		Allarpsberg		P.
91. Vastorf	Anneklef			P.
92. Wellen No. 61		Hagstad		P.
93. Lesum 2 St.		Lillö		E.
94. »	Bosjökloster			E.
95. »	Anderstorp			E.
96. Isterberg......... .			Bosjökloster	S. v. K.
			Klingstorp	M.
			Bonarp	P.
97. Loyerberg			Gunnarp	S. v. K.
			Schonen	M.
98. Gegend von Oldenburg 60 St.	Schonen			M.
Holland.				
99. Zwiepsche Berge ...		Anneklef		S. v. K.
100. Vries			Stenkilstorp	S. v. K.
			Schonen	M.
101. Kloosterholt I		Allarpsberg		v. C.
102. »		Frederiksberg		v. C.
103. » IV, V..		Lillö ?		v. C.
104. » II... .	Anneklef			v. C.

Nicht identifizirt sind 2 Geschiebe von Schulau, 1 von Wittenbergen, 1 von Hörupbaff, 1 von Lauenburg.

[1]) Nach Remelé und Zirkel.

Die Verbreitung ist auf dem dieser Arbeit anliegenden Kärtchen eingetragen. Es wird Sache späterer Betrachtungen sein, aus der Vertheilung auf die Eisbewegungen zu schliessen, wenn eine grössere Anzahl von Gesteinen untersucht sein wird.

Nur auf eins muss noch hingewiesen werden. Unter den Geschieben ist fast ein Drittel den Nephelinbasalten zuzurechnen. Nach Eichstädts Angaben sind von den über 70 Basaltvorkommnissen nur 6 Nephelinbasalte.

Wenn wir nun andererseits gerade unter den Nephelinbasalten eine grosse Anzahl finden, die sich nur annähernd an die beschriebenen Vorkommnisse Schonens anschliessen, so liegt der Schluss nahe, dass bedeutende Zerstörungen stattgefunden haben. Entweder sind ganze Vorkommnisse ganz abgetragen oder wenigstens soweit zerstört, dass heute nur relativ kleine Reste davon vorhanden sind. Dies dürfte namentlich bei Bosjökloster der Fall gewesen sein. Der doleritische Habitus der Geschiebe gegenüber dem aphanitischen des Anstehenden ist am ungezwungensten deutbar durch die Annahme, dass unsere Geschiebe die Abkömmlinge eines grösseren Massivs sein mögen, von dem nur noch ein dicht erstarrter Theil vorhanden ist.

Bemerkenswerth, wenn auch noch nicht erklärbar, ist die Thatsache, dass die mit grossen und zahlreichen makroskopischen Augiteinsprenglingen versehenen Nephelingesteine (cf. Bosjökloster) auf den Osten beschränkt zu sein scheinen. Nach brieflicher Mittheilung von Herrn Dr. Martin in Oldenburg sind ihm solche unter seinen Basaltgeschieben bisher nicht begegnet, auch bei uns kommen sie namentlich im Osten vor (Gegend von Kiel, Brothener Ufer, Mecklenburg).

---

2. Cancrinit-Aegirinsyenite von Särna

(sog. Phonolith).

In noch höherem Maasse als die schonenschen Basalte können die merkwürdigen, im Elfdal und den angrenzenden Gebieten von Vermland in Gestalt von Blöcken vorkommenden, durch einen bedeutenden Gehalt von Aegirin charakterisirten Gesteine als Leitgeschiebe dienen. Schon makroskopisch fallen sie ungemein auf — ihre graugrüne bis grünliche Grundmasse, die langen glänzenden Aegirinnadeln in derselben, geben ein Gesteinsbild, das kaum sonst wiederkehrt, wenn wir absehen von gewissen Gesteinen der Groruditreihe, die den helleren »Phonolithen« makroskopisch ähneln können.

J. Martin (Diluvialstudien II. Das Haupteis ein baltischer Strom. X. Jahresbericht des Naturw. Vereins zu Osnabrück 1895.) bemerkt freilich, dass dem Cancrinit-Aegirinsyenit von Särna eine nennenswerthe Bedeutung für die Bestimmung der Stromrichtung des Inlandeises nicht zukomme, »denn hierzu bedarf man solcher Leitblöcke, welche in so grosser Zahl auftreten, dass sie in jeder bedeutenderen Moräne unfehlbar angetroffen werden müssen, falls der Eisstrom, welcher letztere ablagerte, das Heimathsgebiet jener Gesteine berührt hat.«
Ich kann hierin Martin nur bedingt beipflichten. Sicherlich werden solche Geschiebe für die Bestimmung des Weges, den ein Inlandstrom genommen hat, besonders geeignet sein, die sich in so grosser Menge finden, dass sie gewissermaassen eine zusammenhängende Spur des Stromes bezeichnen. Dazu eignen sich aber naturgemäss nur in weiter Verbreitung anstehende Gesteine, und bei diesen ist in der Regel die Identifikation nicht mit derselben Sicherheit ausführbar, wie bei den auf beschränkterem Raum vorkommenden, mit besonders charakteristischen Merkmalen ausgestatteten Gesteinen. Andererseits dürfen solche seltneren Geschiebe, wie der Syenit von Särna keinenfalls bei der Betrachtung der Transportrichtungen vernachlässigt werden. Wenn auch eben wegen der geringen Ausdehnung des Anstehenden die Särnagesteine nicht geeignet sind, den ganzen Weg eines Stromes in sichtbarer Spur zu zeigen, so muss doch jeder Versuch, die Bewegungsrichtungen des Inlandeises klarzustellen, auch mit solchen Geschieben rechnen und muss nothwendig berücksichtigen, dass solche Geschiebe z. B. wie das vorliegende, im Samlande und in Holland gefunden wurden.

Bekanntlich hat Törnebohm, der diesen Gesteinen wiederholt seine Aufmerksamkeit schenkte [1]), nachgewiesen, dass die Heimath der im Elfdalgebiet vorkommenden Blöcke in der Gegend des Siksjöberges, in der Nähe von Heden bei Särna zu suchen ist.

Die Untersuchungen des genannten Forschers haben ferner ergeben, dass sich eine ganze Anzahl von Varietäten, je nach dem Vorherrschen des einen oder anderen Gemengtheils feststellen lässt, so dass man Cancrinit-Aegirinsyenite, Cancrinit-Nephelin-Aegirinsyenite und Nephelin-Aegirinsyenite unterscheiden kann.

Geschiebe die hierher gehören, wurden früher wiederholt beschrieben.

---

[1]) A. E. Törnebohm. Fonolit från Elfdalen. Geol. Föreningens förhandl. II. Stockholm 1875.

A. E. Törnebohm. Om Fonolitblockens Utbredning. Ibid. V. 1880.

» Om den s. k. fonoliten från Elfdalen, dess klyftort och förekomst. Ibid. VI. 1883.

A. E. Törnebohm[1]) nennt als Fundorte von Geschieben des Särnagesteins Mjöllby (östlich vom Wetternsee) und Kristinehammn am Ostufer des Wenernsees, ferner das Samland und Leipzig.

J. Heinemann[2]) beschreibt einen Syenitporphyr aus Schleswig-Holstein, ohne nähere Fundortsangabe. Die Beschreibung kann auf den Aegirinsyenit bezogen werden.

E. Geinitz[3]) beschreibt zwei hierher gehörige Geschiebe von Zarrentin.

P. Mann[4]) untersuchte und analysirte den Aegirin aus einem Leipziger Diluvialgeschiebe dieses Gesteins.

A. Jentzsch[5]) erwähnt ein »Phonolith«-Geschiebe aus dem Samlande, das von Lundbohm mit dem Cancrinit-Aegirinsyenit des Elfdal identifizirt wurde.

T. J. P. van Calker[6]) fand bei Groningen ein Geschiebe von Cancrinit-Aegirinsyenit.

Schliesslich sei noch bemerkt, dass *Zirkel*[7]) in seiner Petrographie einen hierher gehörigen Fund von Langenau bei Danzig erwähnt. Die Originalmittheilung, dieses Vorkommen betreffend, habe ich nicht aufgefunden. P. Mann (s. o.) erwähnt dasselbe Vorkommen.

Ein von *A. Sauer*[8]) beschriebenes Phonolithgeschiebe von Machern bei Leipzig gehört, obgleich man nach der Bezeichnung des Gesteins an das Särnavorkommen denken könnte, nicht hierher. Es geht dies aus der Beschreibung deutlich hervor, wird auch von Sauer selbst angegeben.

In unserer Geschiebesammlung finden sich neun hierher gehörige Geschiebe, von denen Herr Professor Törnebohm, der die Güte hatte, sie zu vergleichen, mir mittheilt, dass sie sämmtlich aus der Gegend des Siksjöberges stammen, aber nicht von diesem selbst herrühren.

---

[1]) A. E. Törnebohm. Om fonolitblockens utbredning. Geol. Fören. förhandl. 1880.

[2]) J. Heinemann. Die krystallinen Geschiebe der Provinz Schleswig-Holstein. Kiel 1880.

[3]) E. Geinitz. Die skandinavischen Plagioklasgesteine und Phonolith aus dem mecklenburgischen Diluvium. Nova acta. Halle 1882.

[4]) P. Mann. Untersuchungen über die chemische Zusammensetzung der Augite aus Phonolithen und verwandten Gesteinen. N. Jahrbuch für Mineralogie etc. 1884. II. Bd.

[5]) A. Jentzsch. Verzeichniss einer Sammlung ost- und westpreussischer Geschiebe, bestimmt von Hj. Lundbohm. Schriften der physik. ökonom. Gesellschaft. Königsberg 1886.

[6]) T. J. P. van Calker. Beiträge zur Heimathsbestimmung. Zeitschrift der Deutschen geol. Gesellschaft 1889.

[7]) F. Zirkel. Petrographie. 2. Aufl. II. Bd. pag. 414.

[8]) A. Sauer. Ueber ein kürzlich aufgefundenes nordisches Phonolithgeschiebe aus dem Diluvium von Machern östlich Leipzig. Berichte der naturforschenden Gesellschaft. Leipzig 1882.

Bekanntlich gilt dies auch von einer grossen Zahl der im Elfdal vorkommenden Blöcke.

Eine Einzelbeschreibung der Geschiebe, unter denen verschiedene Varietäten, solche mit vorherrschendem Cancrinit und solche mit herrschendem Nephelin vorkommen, würde zu der von Törnebohm gelieferten Beschreibung nichts Neues hinzufügen können. Sie entstammen nachstehenden Fundorten:

Oetjendorf bei Ahrensburg,
Kellinghusen (Holstein),
Bahrenfeld bei Altona (3 Stücke),
Krähenberg bei Blankenese,
Schulau (3 Stücke).

Es dürfte bisher kaum ein anderes Geschiebe bekannt geworden sein, das über ein so weit ausgedehntes Gebiet verstreut vorkommt. Aus Holland, Schleswig-Holstein, Mecklenburg, Leipzig, West- und Ostpreussen sind die Cancrinit-Aegirinsyenite bekannt geworden. Der Umstand, dass sie in der Hamburgischen Umgegend in nicht unbeträchtlicher Zahl gefunden wurden, ist dadurch erklärlich, dass die Lokalitäten Schulau, Blankenese, Bahrenfeld seit Jahren von Geschiebesammlern ausgebeutet werden und die Elfdalphonolithe durch ihr auffallendes Aeusseres ganz naturgemäss den Blick des Sammlers auf sich lenken. Er beweist aber, dass die in Rede stehenden Gesteine kaum zu den ganz seltenen Geschieben gehören. Man wird nur mehr nach ihnen suchen müssen, um sie auch anderswo zu finden.

Was die Ablagerungen, denen die Geschiebe entstammen, anlangt, so ist mit ziemlicher Wahrscheinlichkeit für die Vorkommnisse der Hamburgischen Umgebung ihre Zugehörigkeit zu der ersten Vereisung anzunehmen — es scheint, als ob die zweite Vereisung Hamburg nicht erreicht hat. Nach Groningen und Leipzig ist der Transport gleichfalls während der ersten Vereisung erfolgt.

---

3. Gesteine der Diabasfamilie.

Je weiter die Kenntniss der Diabase Skandinaviens und Finlands fortschreitet, desto mehr verlieren sie den ihnen früher wohl zugesprochenen Charakter als Leitgeschiebe. Mehr und mehr gewinnen die früher bekannten Gebiete ihres Vorkommens an Ausdehnung und immer schwieriger wird es, einigermaassen vollständiges Vergleichsmaterial zu beschaffen.

Wenn nachstehend dennoch eine kurze Angabe der Diabasvorkommnisse unter den hamburgischen und schleswig-holsteinischen Geschieben gegeben wird, so soll diese weniger den Anspruch erheben einen wesentlichen Beitrag zur Bestimmung von Transportrichtungen zu liefern, als die Geschiebeführung des Gebiets auch in Bezug auf die Diabase zu charakterisiren.

Ich verdanke der Liebenswürdigkeit des Herrn Professor Törnebohm, dem ich auch hier verbindlichst danke, Vergleichsmaterial, das mir ermöglichte, eine ganze Anzahl der vorhandenen Geschiebe zu bestimmen, wenigstens den Haupttypen anzureihen. Nicht wenige der Geschiebe mussten allerdings unbestimmt bleiben, sei es, dass sie sich von dem zur Verfügung gestellten Vergleichsmaterial zu weit entfernten, um dem einen oder andern Vorkommen zugerechnet werden zu können, sei es, dass die Zersetzung zu weit fortgeschritten war, als dass eine brauchbare Bestimmung hätte geliefert werden können. Von einer Beschreibung der nicht bestimmten Geschiebe soll hier abgesehen werden, da es wohl besonders schwierig sein dürfte, gerade das Bild von Diabasen im Worte festzuhalten. Nur einzelne, besonders charakteristische Typen sollen, um die Auffindung ähnlicher Gesteine an anderen Orten zu ermöglichen, eventuell auch das Anstehende aufzufinden, genauer behandelt werden.

Besondere Aufmerksamkeit wurde dem etwaigen Vorkommen von »Ostseediabas« geschenkt, jenem durch Hedström [1]) aufgestellten, auch von Cohen und Deecke [2]) beschriebenen Typus, dessen Anstehendes in Schweden nicht bekannt, wahrscheinlich im Ostseebecken zu suchen ist. Sie sind so eigenthümlich und von anderen Diabasen so verschieden dass sie sich besonders zur Bestimmung von Transportrichtungen eignen.

Litteratur über Diabasgeschiebe.

Aus den Beschreibungen *Liebischs* [3]) scheint hervorzugehen, dass der Oejetypus in Schlesien ziemlich verbreitet ist. Mit einem »Hyperit aus Elfdalen«, den Liebisch zum Vergleich heranzog, konnte eine ganze Anzahl von Geschieben identifizirt werden. Dieser »Hyperit« ist allerdings, wie Liebisch bemerkt, besser als Diabas zu bezeichnen. Später hat Törnebohm das Gestein Åsbydiabas benannt.

---

1) Hermann Hedström. Studier öfver Bergarter från morän vid Visby. Geol. Fören. Forh. Bd. 16. 1894.

2) E. Cohen und W. Deecke. Geschiebe von Neuvorpommern etc. Erste Fortsetzung.

3) Th Liebisch. Die in Form von Diluvialgeschieben in Schlesien vorkommenden massigen nordischen Gesteine. Breslau 1874.

H. O. Lang[1]) beschreibt mehrere Diabase aus der Bremer Gegend. Ich konnte, Dank dem freundlichen Entgegenkommen des Direktors des Städtischen Museums für Natur- und Völkerkunde in Bremen, Herrn Professor Dr. Schauinsland, einen Theil der Langschen Präparate untersuchen und mit schwedischem Material vergleichen. Nach meinen Untersuchungen finden sich unter den Gabbros und Basalten Langs Diabase. Ich konnte bestimmen: No. 58 von Wellen als Ottfjälldiabas, No. 4 von Wellen ist ein Oejediabas, No. 39 von demselben Fundort steht dem Oejetypus nahe, No. 66 und 8 von Wellen sind Bronzitdiabase. Mit meinem Vergleichsmaterial stimmten diese letzteren nicht überein und stellen vielleicht bisher unbekannte Typen dar. No. 34 von Wellen gehört zum Hunnetypus. No. 56 ist ein Kinnediabas.

J. Heinemann[2]) beschreibt Diabase aus Schleswig-Holstein, ohne sie mit schwedischen Vorkommnissen zu vergleichen.

T. Herbst[3]) beschreibt einen Åsbydiabas von Westeregeln.

E. Geinitz[4]) bestimmte unter den mecklenburgischen Geschieben auf Grund der Törnebohmschen Beschreibungen Diabase vom Konga-, Åsby-, Hellefors-, Kinne- und Oejetypus. Die Geschiebe sind einzeln eingehend beschrieben.

M. Neef[5]) beschreibt Diabase vorwiegend aus der Mark, namentlich der Umgegend von Eberswalde. Auf Grund unmittelbaren Vergleichs und einiger Angaben Törnebohms, dem ein Theil seines Materials zur Untersuchung übersandt wurde, wird das Vorkommen von Åsby-, Kinne-, Ottfjäll- und Oejediabas festgestellt. Ferner konnten Geschiebe mit anstehenden Gesteinen von Södermannland, Ostgothland, Upland, Sjunnaryd verglichen und identifizirt werden.

Hj. Sjögren[6]) identifizirt ein Geschiebe von Helgoland auf Grund der Törnebohmschen Beschreibung mit dem Helleforsdiabas.

---

[1]) H. O. Lang. Erratische Gesteine des Herzogthums Bremen. Abh. des naturw. Vereins Bremen 1879.

[2]) J. Heinemann. Die krystallinen Geschiebe der Provinz Schleswig-Holstein. Kiel 1879.

[3]) T. Herbst. Olivindiabas bei Wester-Egeln. Nova Acta. Leop. Akad. Halle 1880.

[4]) E. Geinitz. Die skandinavischen Plagioklasgesteine und Phonolith aus dem mecklenburgischen Diluvium. Nova Acta. Halle 1882.

[5]) M. Neef. Ueber seltnere krystallinische Diluvialgeschiebe der Mark. Ztschr. d. deutschen geol. Gesellschaft. Berlin 1882.

[6]) Hj. Sjögren. Om skandinaviska block och diluviale bildningar på Helgoland. Geol. fören. i Stockholms förhandl. No. 84. 1885.

H. Haas[1]) bemerkt, dass eigentliche Diabase unter den Geschieben Schleswig-Holsteins gegenüber den Olivindiabasen und Diabasporphyriten nur geringere Verbreitung zu besitzen scheinen.

Nach meinen Erfahrungen muss der Zufall eine grosse Rolle gespielt haben, wenn Haas so wenig eigentliche Diabase zu Händen gekommen sind.

Durch unmittelbaren Vergleich wurden Kinnediabas, Oejediabas und Åsbydiabas aus der weiteren Umgebung von Kiel bestimmt.

F. Klockmann[2]) hat mehrfach Diabasfindlinge bearbeitet und auf Grund unmittelbaren Vergleichs mit dem Anstehenden bestimmt. Er bemerkt, dass die Olivindiabase, die vorzugsweise in der als Kinnetypus bezeichneten Form auftreten, sich in der Mark nicht selten finden. Der Åsbytypus kommt an mehreren Stellen zwischen Elbe und Weichsel vor. Den Oejediabas konnte Klockmann in der Mark, Provinz Sachsen, Ostpreussen, Westpreussen, Pommern, Mecklenburg nachweisen.

Unter den von *A. Jentzsch*[3]) zur Vergleichung nach Stockholm geschickten ost- und westpreussischen Geschieben bestimmte Lundbohm mehrere Åsbydiabase.

J. Korn[4]) bestimmte auf Grund unmittelbaren Vergleichs Åsby-, Kinne- und Oejediabas aus der Gegend von Königsberg in Preussen.

E. Cohen und *W. Deecke*[5]) behandeln, gestützt auf reiches Vergleichsmaterial, namentlich den Oejediabas ausführlich in ihren Geschiebeuntersuchungen und stellen das Vorkommen mehrerer Varietäten im Diluvium Pommerns fest. Bemerkenswerth ist, dass sie dem Oejediabas die Brauchbarkeit als Leitgeschiebe absprechen, wenigstens wird diese Eigenschaft auf die Ostsee-

---

[1]) H. Haas. Beiträge zur Geschiebekunde der Herzogthümer Schleswig-Holstein. Abh. Naturw. Vereins Schl.-Holstein. Kiel 1885.

[2]) F. Klockmann. a) Ueber Basalt, Diabas und Melaphyrgeschiebe aus dem norddeutschen Diluvium. Ztschr. d. Dtsch. Geol. Ges. Berlin 1880.

b) IV. Abschnitt in Berendt u. Dames, Geognostische Beschreibung der Umgegend von Berlin. K. preuss. geolog. Landesanstalt. Berlin 1885.

c) Characteristische Diabas- und Gabbrotypen unter den norddeutschen Diluvialgeschieben. Jahrbuch der K. preuss. geol. Landesanstalt. Berlin 1886.

[3]) A. Jentzsch. Verzeichniss einer Sammlung ost- und westpreussischer Geschiebe. Schriften der Phys. ökonom. Gesellschaft. Königsberg 1886.

[4]) J. Korn. Diluviale Geschiebe der Königsberger Tiefbohrungen. Jahrb. der K. preuss. geol. Landesanstalt f. 1894. Berlin 1895.

[5]) E. Cohen und W. Deecke. Ueber Geschiebe aus Neuvorpommern und Rügen. Mitth. des naturw. Vereins für Neuvorp. u. Rügen 1891. Erste Fortsetzung. Ibid. 1896.

gesteine Hedströms [1]) beschränkt. Åsbydiabas kommt in Neuvorpommern und Rügen häufig vor. Vielleicht ist nach Ansicht der genannten Autoren ein Theil dieser Geschiebe auf Finland oder den bottnischen Busen zurückzuführen.

Der Ostseediabas *Hedströms* [1]) wird von Stubbenkammer erwähnt. Ein eigenthümlicher Diabas von Alsarp in Småland wurde bei Greifswald gefunden.

Schröder van der Kolk [2]) bestimmte auf Grund direkten Vergleichs und der Beschreibungen schwedischer Autoren Diabase vom Konga-, Särna- und Kinnetypus im holländischen Diluvium.

Van Calker [3]) erkannte Kinnediabas mit Sicherheit, Hunne- und Ottfjälldiabas mit nicht vollständiger Sicherheit unter Geschieben von Kloosterholt. Derselbe Autor bestimmte Åsbydiabas vom Hondsrug (im nordöstlichen Holland), Helleforsdiabas von Neu-Amsterdam, Oejediabas von Groningen.

K. von Kraatz-Koschlau [4]) bemerkt, dass Åsbydiabas in der Gegend von Halle verbreitet und nicht selten ist.

Abgesehen von den in den Beschreibungen zu den Kartenblättern der schwedischen Landesaufnahme vorkommenden Bemerkungen über Diabasvorkommnisse, sind die wichtigsten, bei der Bearbeitung unserer Geschiebe benutzten Arbeiten über schwedische Diabase die nachstehenden:

A. E. Törnebohm. Om Sveriges vigtigare Diabas- och Gabbroarter. Kongl. Svenska Vetenskab. Akad. Handl. XIV. 1877.

— — Öfverblick öfver mellerste Sveriges Urformation. Geol. Fören. i Stockholms Förhandlingar VI. 1883.

— — Om Granholmen i Mälaren. Ibid. 1878.

— — Om Taberg i Småland och ett par dermed analoga jernmalmförekomster. Geol. Fören. Forh. V. 1882.

---

[1]) H. Hedström. Studier öfver bergarter från moräen vid Visby. Geol. Fören. i Stockholms Förhandl. 1894.

[2]) J. L. C. Schröder van der Kolk. Bijdrage tot de Kennis der Verspreiding onzer krystallijne Zwervelingen. Leiden 1891.

[3]) F. J. P. van Calker. Ueber eine Sammlung von Geschieben in Kloosterholt. Zeitschr. der Deutschen geol. Gesellschaft 1898.

Ders. Beiträge zur Heimathsbestimmung der Groninger Geschiebe. Ibid. 1889.

[4]) K. von Kraatz-Koschlau. Glacialstudien aus der Gegend von Halle. Neues Jahrbuch f. Mineralogie 1898. II.

E. Svedmark. Bidrag till kännedomen af Vestgötabergens Trapp. Upsala 1875.

— — Halle- och Hunnebergs Trapp. Sveriges Geol. Undersökning 1878.

— — Proterobas i södra och mellersta Sverige. Geol. Fören. Förhandl. VII. 1885.

— — Mikroskop. Undersökning af Uralitporfyren från Vaksala. Geol. Fören. Förhandl. No. 33. 1876.

— — Om Uralitporfyren och Hälleflintan af Vaksala.[1]) Geol. Fören. Förhandl. X. 1888.

— — Pyroxen- och Amfibolförande Bergarter inom sydvestra Sveriges Urberg. Geol. Fören. Förh. X. 1888.

Fr. Eichstädt. Om Uralitdiabas, en Följeslagere till gangformigt uppträdande Smålandska Quartsporfyr. Geol. Fören. Förhandl. V. 1883.

— — Om Quartsit-Diabaskonglomeratet i Småland och Skåne. Geol. Fören. Förhandl. VII. 1885.

— — Pyroxen- och amfibolförande Bergarter från mellersta och östra Småland. Bihang till Kongl. Sv. Vetensk. Akad. Handl. VI. 1887.

J. C. Moberg. Untersuchungen über die Grünsteine des westlichen Blekinge und der angrenzenden Theile Schonens. Sveriges Geol. Undersökning. Ser. C. No. 158. 1895.

H. Bäckström. Ueber fremde Gesteinseinschlüsse in den skandinav. Diabasen. Bihang till Kongl. Sv. Vetensk. Akad. Handl. XVI. 1890.

P. J. Holmquist. Om Diabasen på Ottfjellet i Jemtland. Geol. Fören. Förhandl. XVI. 1894.

B. Frosterus. Om en diabas i Föglö i den Ålandska Skärgården. Geol. Fören. Förh. XV. 1893.

E. Cohen und *W. Deecke.* Ueber Geschiebe aus Neuvorpommern und Rügen. Mitth. des naturw. Vereins für Neu-Vorpommern und Rügen. 1891.

— — Dasselbe. Erste Fortsetzung. 1895.

Die Arbeiten der schwedischen und finnischen Geologen haben ergeben, dass Diabas in Schweden und Finland weit verbreitet ist, und zwar so, dass nur ausnahmsweise gewisse Typen auf bestimmte Gegenden beschränkt sind.

---

[1]) Diese Abhandlung enthält die hier interessirende Bemerkung, dass der Uralitporphyrit von Vaksala nicht den Diabasen, sondern den dioritischen Gesteinen anzureihen ist.

Die Bestimmungen der Geschiebeliteratur haben demnach vorläufig meist nur den Werth, dass die in denselben genannten Fundorte Material aus Schweden oder West-Finland erhalten haben.

Eine grosse Zahl von Diabasvorkommnissen unter unseren Geschieben liess sich garnicht oder nur annähernd mit schwedischen Vorkommnissen identifiziren. Besonders häufig erweisen sich die Stücke im Schliff zu stark zersetzt, um sichere Erkennung zuzulassen. Mit norwegischen Diabasen, die für das hier behandelte Gebiet sicherlich in Frage kommen, konnte bisher keine Vergleichung erfolgen. Ich hoffe, diese demnächst vornehmen zu können, falls sich herausstellen sollte, dass dort characteristische Typen vorkommen. Die Litteratur über norwegische Diabase scheint noch nicht sehr umfangreich zu sein, namentlich vermisst man die für unsere Zwecke wichtige Bezugnahme und Vergleichung der Diabase des Christianiagebiets mit den schwedischen Vorkommnissen.

Nachstehend sind alle die Geschiebe aufgezählt, die auf Grund der Vergleichung mit Material aus dem Anstehenden oder den Beschreibungen auf Schweden oder Finland zu beziehen sind. Einige sicher bestimmte Diabasgesteine des Christianiagebiets, die sich unter unseren Geschieben fanden, sollen später behandelt werden.

Quarzdiabas.

Dem in Schonen an mehreren Stellen anstehenden, sowie am Ammeberg und bei Sala vorkommenden, von Törnebohm so genannten Kongadiabas entspricht ein Geschiebe von Rainville. Es ist zwar grobkörniger als die vorliegenden Vergleichsstücke, zeigt aber sonst alle wesentlichen Eigenschaften derselben.

Ein Geschiebe von Wittenbergen bei Blankenese ist ein mittelkörniger Bronzitführender Quarzdiabas, der in seinen Haupteigenschaften dem Kongatypus entspricht.

Breit leistenförmige, niedrige Auslöschungsschiefen zeigender Plagioklas ist mit hellgelbem Augit in ophitischer Struktur verbunden. Braune Hornblende und Glimmer treten theils selbständig auf, theils sind sie dem monoklinen Augit angewachsen, in einem Fall wurde ein senkrecht zur c-Achse liegender Schnitt von Augit beobachtet, der auf einer Seite von Hornblende, auf der andern von Biotit umhüllt war. Alle drei Mineralien löschen gleichzeitig aus. Augitzwillinge treten wiederholt auf. Accessorisch, doch nicht gerade sparsam, tritt hellgefärbter Bronzit auf, im Ganzen schlecht begrenzt, doch im Allgemeinen mehr Tendenz zu selbständiger Umgrenzung zeigend, als der Augit. Er ist parallel der c-Achse gefasert und daran schon in gewöhnlichem Licht vom Augit unterscheidbar. Der Quarz tritt in nicht unbedeutenden Mengen auf, meist als letztes Erstarrungsprodukt den anderen Gemengtheilen zwischengeklemmt, in einzelnen Fällen jedoch — für einen Diabas ist dies auffallend — nach einigen Seiten hin scharf begrenzt, doch nur da, wo er chloritischen Zersetzungsprodukten benachbart ist. Apatit ist sehr reichlich vorhanden, Erze kommen in grossen, oft unregelmässig gelappten Parthien vor. Olivin fehlt. An mehreren Stellen des Schliffs finden sich granophyrische Verwachsungen von Quarz und Feldspath von der Art, wie sie Törnebohm als Schriftfeldspath beschreibt, sonst auch als Mikropegmatit bekannt sind.

Wir verdanken Eichstädt [1]) Beschreibungen des Enstatitdiabas des Rödjaganges in Småland, die in manchen Hinsichten auf unser Geschiebe passt. Doch lässt sich eine absolute Uebereinstimmung nicht feststellen. Da nach Eichstädt noch andere Diabase Smålands Quarz und Enstatit führen, ist an dieses Gebiet als Heimath unseres Geschiebes zu denken. Mit den an gleicher Stelle beschriebenen Enstatitdiabasen von Schonen stimmt unser Geschiebe nicht überein.

Schröder van der Kolk beschreibt ein anscheinend sehr ähnliches Gestein (Bijdrage tot der Kenniss etc. No. 167, pag. 87).

Ein besonders merkwürdiges Geschiebe von Quarzdiabas, dessen Anstehendes noch nicht bekannt zu sein scheint, ist dasjenige vom Siggener Busch (an der Ostküste von Holstein, südlich Heiligenhafen).

Makroskopisch erscheint es sehr grobkörnig, einem Åsbydiabas ähnlich. Die Oberfläche ist sehr löchrig, erkennbar sind von Gemengtheilen Plagioklas und Augit, sowie massenhafte feine Apatitnadeln.

Mikroskopisch erweist sich die Struktur als echt ophitisch. Hornblende (braun—grünlichbraun—blaugrün) tritt in grossen, an einzelnen Stellen selbständig begrenzten Krystallen auf, doch ist sie an anderen wieder von Feldspathleisten begrenzt. Stellenweise ist sie mit braunem Augit parallel verwachsen. Schilfige Aggregate kleinerer Hornblendekrystalle sind den Ecken der Feldspathe oft

---

[1]) F. Eichstädt. Om Quartsit-Diabaskonglomeratet i Småland och Skåne. Geol. Fören. Förhandl. No. 95. 1885.

— — Pyroxen- och amfibolförande Bergarter. (pag. 72). Bihang till K. Sv. Vet. Akad. Handl. Bd. XI. 1887.

angewachsen. Augit, stets jünger als Hornblende, erscheint nie in selbständigen Kontouren. Ab und zu findet sich Olivin in grösseren unregelmässig begrenzten Körnern. Die Feldspathe, vorherrschend Plagioklas in Leisten, weniger Orthoklas in breiten Karlsbader Zwillingen, sind stark getrübt durch sekundäre, chloritische Blättchen, sowie Stäubchen und Schüppchen unbestimmbarer Natur. Quarz tritt in grossen, mit Flüssigkeitseinschlüssen versehenen Parthien auf, er ist zweifellos primär. Ausgedehnte Parthien zwischen den Feldspathleisten zeigen eine fast homogene, schmutzig saftgrüne Farbe, bei gekreuzten Nicols schwachen Lichtschimmer. Sehr reichlich ist Apatit vorhanden, und zwar in relativ grossen Krystallen. Vereinzelt tritt Titaneisen auf. Bemerkt sei noch das Fehlen des Mikropegmatits, der sich sonst in Quarzdiabasen so häufig findet.

Weder in der Geschiebeliteratur, noch in der schwedischen petrographischen Literatur ist mir ein ähnliches Gestein begegnet.

Olivindiabas vom Åsbytypus.

Zu diesem aus dem mittleren Schweden und westlichen Finland bekannt gewordenen, leicht kenntlichen Gestein gehören Geschiebe von Malliss bei Dömitz, von Lauenburg, von Hamburg, von Schulau und von Warnitzhöved bei Apenrade.

Ein Geschiebe von der »Westküste Schleswigs«[1]) hat accessorisch etwas braune, stark pleochroitische Hornblende.

Olivindiabas vom Ottfjälltypus.

Der Ottfjälldiabas dürfte die Eigenschaften eines Leitgeschiebes besitzen. Sein Verbreitungsbezirk ist nicht gross — er findet sich in Jemtland und dem benachbarten Herjeådal, wo er meistens in Form von Gängen, auch einmal als kleines Massiv, Quarzit und Glimmerschiefer durchsetzend, auftritt — und er ist sehr leicht identifizirbar. Mangel an Apatit, der farblose, oft undulös auslöschende Augit, die braun bestäubten Plagioklase (in dünnen Schliffen kann allerdings die Bestäubung recht schwach erscheinen), der von zahlreichen Stäubchen durchzogene und daher dunkle, oft pleochroitische Olivin geben ein Bild, das sich kaum mit dem anderer Diabase verwechseln lässt. Vor Allem aber die Umrandungen mit Granat- und Amphibolmineralien, die der Olivin in der Nachbarschaft des Plagioklas besitzt, und die

---

[1]) Das von Forchhammer gesammelte und von J. Roth geschenkte Stück trägt die Bezeichnung »Hafnefjordit«. Danach hat Roth, der noch zu den Anhängern der Drifttheorie gehörte, das Stück auf Island als Heimath bezogen.

metamorphen Vorgängen ihre Entstehung verdanken, sind überaus charakteristisch. Wenn auch der Helleforsdiabas die gleichen Umrandungen der Olivine zeigt und deshalb zu Verwechselungen führen könnte, so ist doch andererseits der letztere, wenn auch nur spärlich, so doch regelmässig mit Hornblende- und Glimmergehalt versehen. Von den gleiche Umrandungen des Olivins und braunen Plagioklas zeigenden Gabbros unterscheidet ihn die Beschaffenheit des Augits.

Zwei Geschiebe von Rainville bei Altona stehen diesem Typus sehr nahe. In einem Geschiebe finden sich die undulös auslöschenden Augite mehrfach, überhaupt ist die Uebereinstimmung eine vollkommene, wenn wir davon absehen, dass der Olivin stark zersetzt ist. In dem anderen Geschiebe löschen alle Pyroxenschnitte einheitlich aus, doch spricht das nicht gegen die Herkunft von Jemtland.

Nachdem durch Holmquist die Törnebohmsche Beschreibung vervollständigt wurde, bedürfen die früheren Bestimmungen einer Revision bezüglich der Uebereinstimmung auch mit den Holmquistschen Angaben. Jedenfalls verdient dieser Typus Beachtung als Leitgeschiebe.

Olivindiabas vom Särnatypus.

Der Särnatypus unterscheidet sich von dem sonst ähnlichen Åsbytypus durch das sparsame Vorkommen von Apatit und das Fehlen des Glimmers.

Er findet sich anstehend in Dalarne.

Zu diesem Typus ist ein Geschiebe vom Brothener Ufer zu rechnen.

Olivindiabas vom Kinnetypus.

Schon makroskopisch ist die Zugehörigkeit vieler Geschiebe zu diesem Typus des Olivindiabases zu erkennen. Die eigenthümliche pockennarbenartig gestaltete Verwitterungsoberfläche lässt keinen Irrthum aufkommen. Er ist in Schleswig-Holstein ganz allgemein verbreitet. Im hamburgischen Museum sind Stücke niedergelegt von Schulau, Höruphaff auf Alsen, Dahme, Wittenbergen bei Blankenese, Steinbek bei Hamburg und Hemmoor bei Stade.

Ein Geschiebe vom Zeltberg bei Lüneburg zeigt reichlich eine schmutziggrüne Zwischenmasse mit der Aggregatpolarisation radialfaseriger Massen (Chalcedon?), daneben tritt spärlicher zwischen die Plagioklase eingeklemmt eine isotrope, durch zahllose Globuliten trübe, theilweise undurchsichtige Basis auf. In ihr sind feine Apatitnadeln besonders reichlich angehäuft. Es liegt zweifellos ein Stück des bei der Kirche von Sireköping in Schonen anstehenden Ganges vor. (Törnebohm, om Sveriges vigtigare Diabas- og Gabbroarter pag. 22). Zwar hatte ich kein Vergleichsmaterial von dort, da aber die Zugehörigkeit zum Kinnetypus durch Vergleich festgestellt wurde und die Beschreibung im übrigen genau stimmt, kann die Herkunft von dort unbedingt angenommen werden.

Ein Geschiebe von Lauenburg ist ein dichter Kinnediabas, der durch einzelne Plagioklase porphyrisch erscheint.

Bronzitdiabas.

Diabase mit rhombischem Pyroxen sind von verschiedenen Lokalitäten in Schweden bekannt geworden. Einige hierher gehörige Geschiebe liessen sich nicht mit dem von Herrn Prof. Törnebohm gütigst zur Verfügung gestellten Material identifiziren. Da sie mir indessen charakteristisch erscheinen, sollen sie nachstehend beschrieben werden, um ihre Wiederauffindung zu ermöglichen.

Besonders charakteristisch und in seiner Zusammensetzung auffallend ist ein Geschiebe von Schulau.

Das Gestein ist mittelkörnig, makroskopisch als Diabas erkennbar, ohne Einsprenglinge. Als wesentlichstes Merkmal ist das starke Ueberwiegen des rhombischen Pyroxens vor dem monosymmetrischen und der reichliche Gehalt an Schriftfeldspath hervorzuheben. Die Struktur ist ophitisch.

Der Bronzit bildet lange, meist schlecht begrenzte Säulen von hellgelbgrauer Farbe ohne merklichen Pleochroismus. Von den Quersprüngen geht eine intensive Faserung aus, die Maschenstruktur erzeugt; die Ausfüllungen der Maschen bildet unveränderter Bronzit. Auf den Sprüngen treten chloritische Zersetzungsprodukte, gemischt mit Epidotkörnchen auf. Die Interferenzfarben sind viel weniger lebhaft, als beim Augit. Hin und wieder ist an den Kanten brauner Glimmer angewachsen. Solcher findet sich auch frei innerhalb des Gesteins. Der an Menge bedeutend zurücktretende Augit ist sehr frisch, fast frei von Interpositionen. Er bildet nie Säulen, sondern mehr Körner, die von den Feldspathleisten begrenzt werden. Der ganz farblose Plagioklas besitzt geringe Auslöschungsschiefen, ist selten allseitig selbstständig begrenzt. Augit findet sich sehr reichlich, die Erze kommen in grossen, unregelmässig gelappten Parthien und vereinzelt in scharf begrenzten Krystallen vor. Die Winkel zwischen den Plagioklaskrystallen sind mit Schriftfeldspath, der in recht erheblicher Menge auftritt, angefüllt. Hornblende und Olivin fehlen.

Die zum Vergleich herangezogenen Bronzitdiabase aus Jönköpings- und Kristianstads-län zeigen gewisse Beziehungen zu dem Geschiebe, doch war in keinem ein entfernt so grosser Reichthum an Bronzit und Schriftfeldspath zu beobachten.

Ein Geschiebe von Wittenbergen und eins von Bahrenfeld sind ebenfalls Bronzitdiabase von eigenthümlichem Habitus, beide einander ähnlich, das letztere war im Korn gröber. Das erste Geschiebe ist als kleinkörnig, das zweite als mittelkörnig zu bezeichnen.

Beim ersten flüchtigen Anblick könnte man glauben Kinnediabas vor sich zu haben; oft zeigt das ganze Gesichtsfeld das typische Bild dieses Gesteins. Grosse Parthien von einheitlich auslöschendem Augit mit zahlreichen Plagioklaslamellen durchspickt, herrschen vor; daneben treten die schmutzig grünen, von zersetztem Olivin herrührenden Flecken auf. Was das Gestein vom Kinnediabas unterscheidet, sind die Bronzitsäulen, deren Grösse und Menge zwar die des Augit nicht erreicht, aber doch nicht unbedeutend ist. Sie sind langgestreckt, doch nirgends scharf begrenzt. Ihnen fehlt im allgemeinen die reichliche Durchspickung mit den Plagioklasleisten, und sind sie deshalb als ältere Gemengtheile zu betrachten. Gegenüber dem ganz klaren Augit machen sie sich durch die parallel der c-Achse auftretende Faserung schon in gewöhnlichem Licht bemerkbar. Pleochroismus ist bei der hellen Farbe nicht zu erwarten und nicht sichtbar.

Hervorgehoben sei noch, dass bei makroskopischer Betrachtung des Schliffes die Selbstständigkeit der Augitkörner nicht, wie bei der Mehrzahl der echten Kinnediabase, zu erkennen ist.

Diabas, Diabasporphyrit und Augitporphyrit vom Oejetypus.

Geschiebe, die diesem Typus nahestehen, finden sich reichlich in Schleswig-Holstein und Hamburg. Bald dicht, fast basaltähnlich und schwarz, bald bräunlich, grünlich; feinkörnig, porphyrartig durch Einsprenglinge von Feldspath; Mandelsteine mit Chalcedon- oder chloritischer Füllung, — alle Varietäten dieses wechselnden Gesteinstypus treten auf.

Zum Vergleich standen mir einige von Herrn Professor Dr. Törnebohm überlassene Schliffe zu Gebot, zudem wurden die trefflichen Abbildungen in der Arbeit Klockmanns über Diabastypen unter den Diluvialgeschieben mit herangezogen.

Danach zeigen nachstehende Geschiebe die Merkmale des Oejetypus:

a) von labradorporphyrischem Habitus mit grossen Einsprenglingen sind zwei Geschiebe von Schulau.

Eins von Wittenbergen bei Blankenese zeigt nur kleinere Feldspathe.

Eins von Lauenburg zeigt bis 2 cm grosse Plagioklaseinsprenglinge. In der feinkörnigen, ophitisch struirten Grundmasse treten eckige, durch die Plagioklasleisten und den Augit begrenzte Flecke von gleichmässig intensiv gelber Farbe auf, die auch in die Plagioklase eindringen. Sie bilden etwa den dritten Theil der Grundmasse. Bei gekreuzten Nicols zeigen sie die Interferenzerscheinungen radialfaseriger Aggregate. Sie bestehen anscheinend aus Chalcedon. Eigentliche Mandeln werden von ihnen nicht gebildet.

b) Plagioklaseinsprenglinge und nur mikroskopische Mandeln zeigen ein Geschiebe von Habernis an der Geltinger Bucht und eins von Höruphaff (Strand bei der Landungsbrücke).

In ersterem Geschiebe legen sich die grossen Feldspathe stets zu mehreren fast parallel an einander und liefern im Bruch oft linsenförmige Querschnitte.

c) dicht, mit sekundärem Quarz, Chalcedon und chloritischen Substanzen in unregelmässig gestalteten Massen ist ein Geschiebe von Rainville, das makroskopisch einem Basalt gleicht.

d) dicht, fast ohne oder ohne chloritische Zersetzungsprodukte in grösseren Massen sind zwei Geschiebe von Steinbek bei Hamburg. Makroskopisch sehen sie basaltisch aus. In dem einen Geschiebe kommen Pseudomorphosen, darunter eine sehr grosse, von schön grünlich blauem Chalcedon nach Olivin(?) vor.

e) dicht, Mandelsteine mit Quarz, Chalcedon und chloritischen Substanzen als Mandelausfüllung sind folgende Geschiebe:

Eins von Blankenese (Mandeln gross, ganz vereinzelt), eins von Schulau (Mandeln vor der Grundmasse vorherrschend), zwei von Schulau (Mandeln klein, elliptisch, tiefschwarz in schwarzer Grundmasse) eins aus blauem Geschiebemergel von Wittenbergen (braunschwarz, makroskopische Calcitspaltflächen), eins von Schulau, eins von Hamburg (Mandeln klein, vereinzelt, tief schwarz), eins von Schlutup bei Lübeck, eins aus der Ziegelei Hammer bei Mölln, eins von Lauenburg, eins von Muggesfelde bei Bornhöved (makroskopisch einzelne grosse weisse und zahlreiche kleine schwarze Mandeln), eins vom Roten Kliff auf Sylt (unregelmässige Hohlräume zeigend).

f) Ein Geschiebe von Schulau (dicht, basaltähnlich) und eins von Wittenbergen (feinkörnig) haben ganz den Typus der einsprenglingsfreien Oejediabase, zeichnen sich aber durch den Reichthum an sägeblattähnlich gestalteten Erzausscheidungen, die neben octaedrischem und ganz unregelmässig begrenztem Magnetit auftreten, aus.

g) Mit einer dunklen, stellenweise fast opaken Zwischenklemmungsmasse sind Geschiebe von Dahme, Schulau und Wittenbergen versehen. Alle drei erscheinen dicht, fast basaltisch. Im Schliff von Dahme erscheint der Feldspath fast ausschliesslich in scharf rechtwinklig begrenzten Leisten von auffallender Klarheit und Durchsichtigkeit. Zwischen denselben liegt eine reichlich vorhandene Zwischenklemmungsmasse, die durch die grosse Zahl der eingelagerten Körnchen fast opak erscheint. Wenn auch die Undurchsichtigkeit zum Theil den Reichthum an schwarzen Körnchen zur Ursache hat, so ist bei starken Vergrösserungen doch zu bemerken, dass sie zum Theil als eine Totalreflexionserscheinung zu deuten ist. Bei 300facher oder stärkerer Vergrösserung erscheinen die opaken Flecke zum wesentlichsten Theil aus hellen, stark lichtbrechenden Körnchen, die dicht auf- und übereinander liegen, zusammengesetzt.

Das Geschiebe von Schulau führt auch die im Geschiebe von Schulau (f) vorkommenden Erzstäbchen. Magnetit tritt hier, besonders aber in dem Stück von Wittenbergen in zierlichen Skeletten auf. Nach zwei senkrechten Axen erscheinen die Oktaeder aneinander gereiht.

Man sollte denken, dass die unter f und g aufgezählten Geschiebe sich leicht wiedererkennen lassen.

In der Litteratur sind mir Geschiebe, auf die die Beschreibung passt, bisher nicht begegnet. Auch werden von den schwedischen Autoren, die den Oejediabas behandelt haben, sowie von Cohen und Deecke keine ähnlichen Gesteine erwähnt.

h) Von Hedström (Studier öfver Bergarter från Morän vid Visby) wurden zuerst sehr eigenthümliche, den Oejediabasen sich anschliessende Labradorporphyre aus der Moräne von Visby auf Gotland beschrieben, deren unterscheidendes Merkmal namentlich in dem Vorhandensein dreier Feldspathgenerationen besteht. Die dritte tritt in auffallend gebogenen Nadeln auf.

Cohen und Deecke (Geschiebe von Neuvorpommern, erste Fortsetzung) fanden zwei Geschiebe, die mit den Hedströmschen übereinstimmen.

Sie erklären diese Gesteine für Leitgeschiebe.

Unter den von mir untersuchten Diabasen fanden sich zwei Geschiebe, die sicherlich hierher gehören. Wenn ich auch bisher kein Vergleichsmaterial benutzen konnte, so kann doch, da Hedström seine Beschreibungen durch Photographien ergänzt, die Zugehörigkeit zweier Geschiebe, von Schulau und von Pensin bei Demmin zu der Gruppe mit Bestimmtheit ausgesprochen werden.

In dem Schulauer Geschiebe treten zahlreiche grosse, bis 1 cm lange, makroskopisch graue bis röthliche Plagioklaseinsprenglinge auf. Ihre Umrisse sind z. Th. scharf, zum Theil wie zersägt und angefressen. Ihre Auslöschungsschiefen sind hoch. Sie umschliessen zahlreiche Einschlüsse von nicht sicher bestimmbarer Substanz, auch Grundmasse und Erze. Die oft getrübten Feldspathe zweiter Generation haben sehr geringe Auslöschungsschiefen. Reichlich ist eine graue bis graubräunliche Zwischenklemmungsmasse vorhanden, die zahllose Erzpartikelchen enthält. Die Erze bilden oft Skelette und sägeblattähnliche Leisten. Innerhalb dieser Zwischenklemmungsmasse begegnen wir den stark, oft nahezu bis zum Halbkreise gebogenen Feldspathen dritter Generation. An vielen Stellen schaaren sie sich zu garbenartigen Bündeln zusammen.

Der Augit, dessen Cohen und Deecke in ihrer Beschreibung keine Erwähnung thun, tritt nicht als Einsprengling auf, sondern nur in Leisten, deren Grösse und Form ungefähr den Feldspathen zweiter Generation entspricht Er ist nie ganz frisch. Es finden sich auch chloritische Substanzen in Augitformen. Unregelmässig gestaltete Hohlräume zeigen äusserlich einen schmalen Quarzsaum und Füllung mit chloritischer Substanz.

Das Pensiner Geschiebe enthält ebenfalls drei Feldspathgenerationen. Die grossen nur spärlich vorhandenen Einsprenglinge weisen zerhackte Kontouren auf, zahlreich sind die Einschlüsse von umgewandeltem Glas. Die Grundmasse gleicht ganz der eben beschriebenen, die gebogenen Feldspathe sind noch massenhafter vorhanden.

Einige Abweichungen gegenüber dem Geschiebe von Schulau bestehen übrigens.

So finden sich ziemlich zahlreich grössere Augitumrisse, die mit Quarz in rundlichen Körnern erfüllt sind. Die Quarzkörner fliessen zum Theil in einander, zum Theil sind sie durch chloritische Substanzen getrennt. Einzelne Umrisse, die an Olivinformen erinnern, sind nur mit grünlich faserigen Zersetzungsprodukten, ohne Quarz, erfüllt. Grössere Erzausscheidungen sind spärlich, Magnetitskelette und wohlbegrenzte Einzelkrystalle von Magnetit fehlen.

Unbestimmbar waren lange, schmale, grüne Nadeln, an den Enden oft zweispitzig ausgezackt. Sie durchsetzen oft das ganze Gesichtsfeld, sind z. Theil fast 1 cm lang, 0,03 mm breit. Ihre Substanz ist nicht sicher bestimmbar, sie zeigen Aggregatpolarisation. Vielleicht sind es lange Feldspathleisten, deren Zersetzungsprodukte mit chloritischen Substanzen infiltrirt sind. Sie dienen jedenfalls vorzüglich zur Wiedererkennung des Gesteins.

Es ist nicht ausgeschlossen, dass dieses Geschiebe als Melaphyr zu bezeichnen ist.

i) Im östlichen Södermannland[1]) finden sich gangförmig Diabasporphyrite, die den dichten Oejediabasen hinsichtlich der Beschaffenheit ihrer Grundmasse ziemlich nahestehen, die man überhaupt den Oejediabasen anreihen würde, wenn sie nicht neben den Plagioklaseinsprenglingen solche von wohlbegrenztem Augit enthielten. Makroskopisch gleichen sie völlig dichten Oejediabasen; das Gestein ist schwarz, durch kleine Plagioklase porphyrisch.

Zwei Geschiebe, von Lauenburg und von Wittenbergen bei Blankenese, stimmen vollständig mit einigen Schliffen überein, die ich Herrn Professor Törnebohm verdanke.

In der Literatur über Diabasgeschiebe sind mir hierher gehörige Gesteine nicht begegnet. Es scheint, dass auch sie brauchbare Leitgeschiebe abgeben.

---

[1]) A. S. Törnebohm. Sveriges vigtigare Diabas- og Gabbroarter. pag. 28.

Die Verbreitung der

SCHONENSCHEN BASALTE

im Norddeutschen Diluvium

von Dr. J. Petersen.

Maßstab 1:4000000 0 50 100 150 Kilometer

Mitth. d. Geogr. Gesellschaft in Hamburg XV, Karte 2.

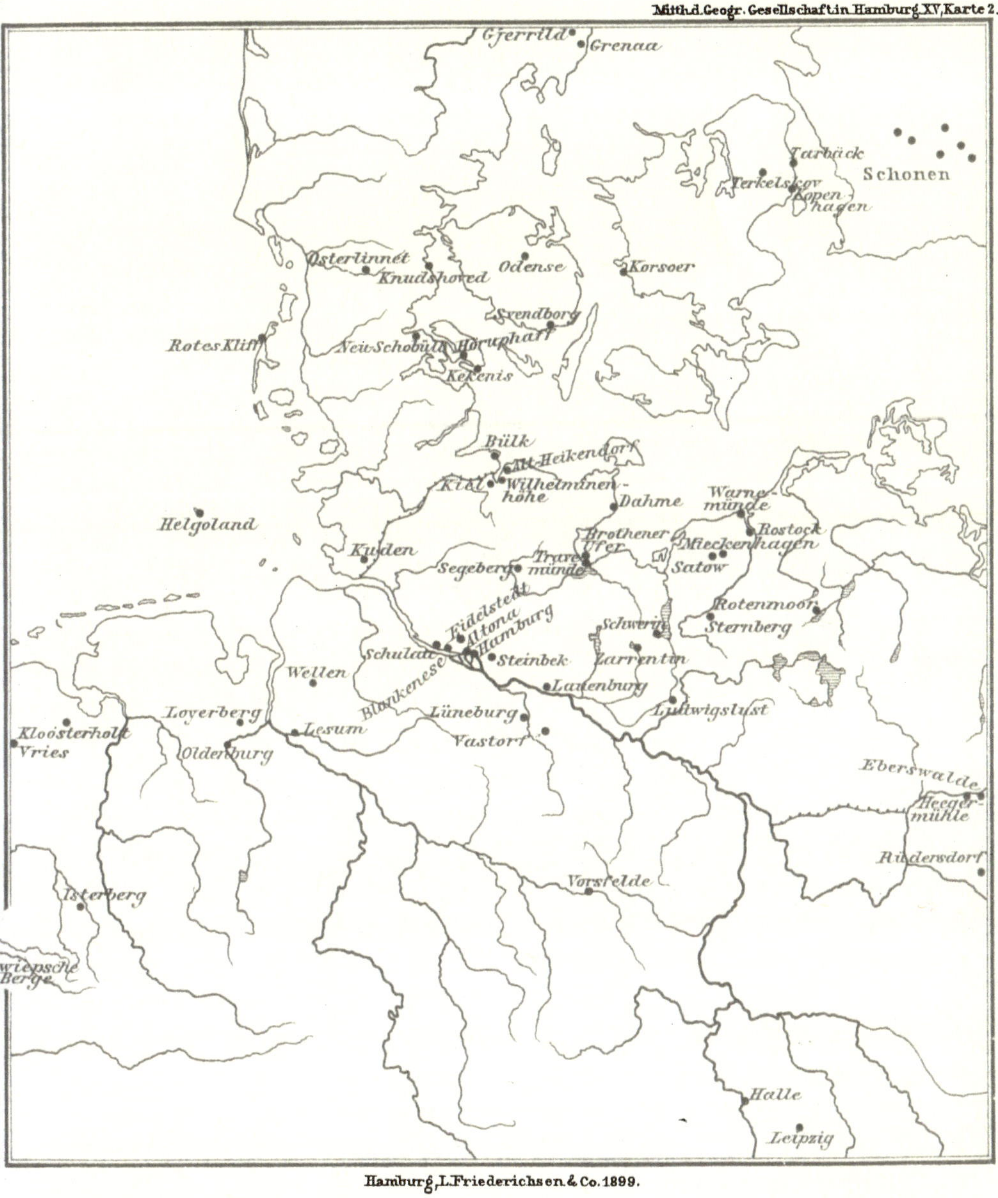

Hamburg, L. Friederichsen & Co. 1899.

www.ingramcontent.com/pod-product-compliance
Lightning Source LLC
LaVergne TN
LVHW042251300926
849161LV00003B/547

9783112660959